常见园林植物
识别图鉴（第2版）

正确识别园林植物是人类认识自然、了解自然、改造自然的基础。合理运用园林植物素材，通过艺术手法，充分发挥植物本身的形体、线条、色彩等方面的美感，可以创造出与周围环境相适宜、相协调，并表达一定意境的园林空间，因此，园林也是人类创造的第二自然。诗化的园林，为人类再造美丽家园。

CHANGJIAN
YUANLIN
ZHIWU
SHIBIE TUJIAN

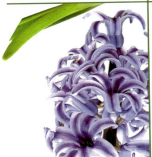

吴棣飞 尤志勉 主编

重庆大学出版社

图书在版编目（CIP）数据

常见园林植物识别图鉴 / 吴棣飞，尤志勉主编. -- 2版. --
重庆：重庆大学出版社，2018.5（2024.2重印）
　（好奇心书系）
ISBN 978-7-5689-0561-9

Ⅰ.①常…　Ⅱ.①吴…　②尤…　Ⅲ.①园林植物—识别—图解
Ⅳ.①S688-64

中国版本图书馆CIP数据核字(2017)第201435号

常见园林植物识别图鉴（第2版）
CHANGJIAN YUANLIN ZHIWU SHIBIE TUJIAN

吴棣飞　尤志勉　主编

策　　划：鹿角文化工作室
编　　写：王军峰　林爱寿　张旭乐　高亚红　高洪娣
摄　　影：吴棣飞　高亚红　刘 军　高洪娣　王军峰
　　　　　华国军　蒋 虹　田晓芳　叶喜阳
责任编辑：梁 涛　　　　　版式设计：周 娟 钟 琛
责任校对：张红梅　　　　　责任印刷：赵 晟

*
重庆大学出版社出版发行
出版人：陈晓阳
社址：重庆市沙坪坝区大学城西路21号
邮编：401331
电话：(023) 88617190　88617185（中小学）
传真：(023) 88617186　88617166
网址：http://www.cqup.com.cn
邮箱：fxk@cqup.com.cn（营销中心）
全国新华书店经销
重庆亘鑫印务有限公司印刷

*
开本：787mm×1092mm　1/16　印张：25　　字数：548千
2010年9月第1版　2018年5月第2版　2024年2月第7次印刷
印数：16 501—18 500
ISBN 978-7-5689-0561-9　定价：138.00元

再版前言

　　拙作《常见园林植物识别图鉴》自2010年9月问世以来，深得大家的认可和欢迎，至今已加印5次，累计印数达到16 500册。读者的支持是对作者与编辑的莫大鼓励，同时读者对本书的内容、编排提出了诸多宝贵的意见，在此基础上，我们对本书做了大幅度的改版。首先，升级了全书约30%的图片，并精心排版，使书籍更加精美；其次，鉴于近年来家庭园艺领域掀起了"多肉植物热"，本书适时增加了多肉植物一大类近38种。至此，本书累计收录园林植物550余种，基本涵盖了国内主流应用种类与品种。本书根据园林用途分为13个大类，分别是乔木类、灌木类、一、二年生花卉、多年生花卉、球根花卉、水生植物、藤蔓植物、棕榈科植物、观赏竹类、兰科植物、食虫植物、蕨类植物、多肉植物，每一类群按照恩格勒系统顺序排列，读者可按图索骥，对照鉴别。

　　最后，恳切期望读者在使用本书时，如发现不当之处，敬请批评指正。

编　者

2017年6月

前　言

　　随着我国经济的不断发展，人们对城市环境、城市生态的要求不断提高，园林观赏植物日益成为人们生活中不可或缺的一部分。观赏植物不仅具有净化空气、美化环境的功能，还能陶冶情操，给人们带来美的享受。研究植物、利用植物，不仅农林院校相关专业的学生要学习植物知识，就连普通植物爱好者、老百姓也对植物怀有浓厚的兴趣，假日旅游、户外踏青，见到美丽的植物不免要驻足观赏，而识别植物是学习植物学知识的基础。

　　本书正是基于这种需求，精选了500余种最常见的园林观赏植物，并配有精美的图片，每种植物都介绍了中文名、拉丁学名、别名、科属、形态特征、分布习性、栽培繁殖、园林应用等内容，让读者对照图片辨识和借鉴的同时，还可以学习植物相关知识。

　　为了方便读者查找，本书按照园林用途将植物分为12个类群，分别是：乔木类、灌木类、一、二年生花卉、多年生花卉、球根花卉、水生植物、藤蔓植物、棕榈科植物、观赏竹类、兰科植物、食虫植物、蕨类植物。每个类群的植物按照恩格勒系统顺序排列。书后附有中文名索引和拉丁名索引。

　　本书内容翔实、科学易用、通俗易懂、图文并茂，不论是业余爱好者还是园艺工作者均可从本书了解到相关的植物知识，为家庭栽培、苗木生产、园林应用等提供基本的参考信息。

　　由于作者水平有限，书中难免存在疏漏之处，敬请读者批评指正。

编　者

2010年6月

目 录
CONTENTS

灌木类 🌼

一、二年生花卉 🌸

多年生花卉 🌼

球根花卉 🌸

水生植物 🌷

藤蔓植物 🌸

棕榈科植物 🌿

多肉植物 ✿

乔木类

乔木（Trees）是指具有独立的主干，树干与树冠有明显区分，且高达6 m以上的木本植物。乔木一般树身高大，按其高度分为伟乔木（30 m以上）、大乔木（21～30 m）、中乔木（11～20 m）、小乔木（6～10 m）四级。

苏铁

Cycas revoluta 苏铁科苏铁属

● 苏铁

别名：铁树、凤尾蕉、凤尾松、避火蕉

形态特征：常绿乔木，高可达6 m。茎干圆柱状，不分枝。叶从茎顶部生出，羽状复叶，大型。小叶线形，初生时内卷，后向上斜展，厚革质，坚硬，有光泽，先端锐尖，基部小叶成刺状。雌雄异株，花形各异；雄花长椭圆形，黄褐色；雌花扁圆形，浅黄色，紧贴于茎顶。种子卵圆形，微扁，熟时红色。花期6—8月。

分布习性：原产于中国南部。喜肥沃湿润，喜光，稍耐半阴。喜温暖，不甚耐寒，露地栽植时，需在冬季采取稻草包扎等保暖措施。

繁殖栽培：可用播种、分蘖、埋插等法繁殖。

园林应用：株形美丽，叶片柔韧，既可室外摆放，又可室内观赏，亦可配置岩石、假山处。

● 苏铁 雄球花

● 苏铁 雌球花

● 苏铁的运用

银杏

Ginkgo biloba　银杏科银杏属

●银杏

别名： 白果树、公孙树、鸭掌树

形态特征： 落叶乔木，高达40 m。树皮淡灰色，老时纵直深裂。雌雄异株，通常雄株长枝斜上伸展，雌株长枝较雄株开展和下垂。短枝密，被叶痕，黑灰色。叶片扇形或倒三角形，宽5～8 cm，上缘波状，有时中央浅裂或深裂，基部楔形；叶脉二叉分出。球花均生于短枝叶腋，雌球花有短梗。种子核果状，椭圆形，成熟时橙黄色，被白粉。花期3月，种子9—10月成熟。

分布习性： 适于生长在水热条件比较优越的亚热带季风区。土壤为黄壤或黄棕壤，pH值5～6。野生状态的银杏仅见于浙江天目山，零散分布于海拔300～1 100 m的阔叶林内和山谷中。

繁殖栽培： 银杏实生繁殖。种胚有休眠现象。冬季或层积后早春播种。

园林应用： 树姿雄伟壮丽，叶形秀美，寿命较长，病虫害少，最适宜作庭荫树、行道树或独赏树，是庭院、行道、园林绿化的重要树种。

●银杏 白果

雪松

Cedrus deodara 松科雪松属

● 雪松 叶

形态特征：常绿乔木，高50～75 m。树冠圆锥形，大枝平展，小枝略下垂，叶针形，灰绿色，长2.5～5 cm，横切面三角形，在长枝上散生，在短枝上簇生。球果长7～12 cm。花期10—11月，球果翌年9—10月成熟。

分布习性：原产于喜马拉雅山西部海拔1 300～3 300 m地带。长江中下游区域广泛种植，北京、大连等北方城市亦生长良好。喜光，稍耐阴。喜温和凉爽湿润气候，耐寒性较强。不耐湿热，种植地忌积水。较耐干旱贫瘠。对二氧化硫极为敏感，抗烟害能力弱。

繁殖栽培：播种、扦插等方法。栽培以深厚肥沃、排水良好的酸性土壤最佳。

园林应用：树形高大端正，最适合孤植于草坪中央和建筑物前庭、广场等中心地带，亦可列植于园路两侧，形成甬道，极为壮观。

● 雪松

● 雪松 球果

黄山松

Pinus taiwanensis 松科松属

别名：台湾松

形态特征：常绿乔木，高达30 m。树皮灰褐色，鳞片状脱落。小枝淡黄褐色或暗红褐色，无毛；冬芽深褐色。针叶2针1束，长7～10 cm。树脂道中生，果鳞鳞脐背生，有短刺。种子倒卵状椭圆形，具有红色斑纹。花期4—5月，球果10月成熟。

分布习性：产于长江中下游海拔800～1 800 m酸土山地。喜凉润，耐贫瘠，抗风力极强。

繁殖栽培：种子繁殖。

园林应用：可作盆景材料，材质较马尾松好，是较好的造林用材树种。

黄山松 盆景

黄山松

黄山松

黄山松 花

黄山松 球果

华山松

Pinus armandii 松科松属

● 华山松盆景《五鬣无人采》

形态特征：常绿乔木，高达35 m，胸径1 m。树冠广圆锥形。小枝平滑无毛，冬芽小，圆柱形，栗褐色。幼树树皮灰绿色，老则裂成方形厚块片固着树上。针叶5针1束，长8～15 cm，质柔软，边有细锯齿。球果圆锥状长卵形，长10～20 cm。花期4—5月，果期翌年9—10月。

分布习性：产于我国山西、陕西、甘肃、青海、西藏、四川、湖北、云南、贵州、台湾等地区高山海拔1 000～3 000 m处。我国中部、西南部、华北、西北等地区均适宜栽培，东北、大连等地有栽培。弱阳性树，喜温和凉爽、湿润气候，高温闷热地区生长不良。耐寒力强，可耐－31 ℃低温。

繁殖栽培：播种繁殖。喜深厚肥沃、排水良好的微酸性土壤，不耐盐碱和贫瘠。

园林应用：高大挺拔，针叶苍翠，冠形优美，生长迅速，是优良的庭院绿化树种。可用作园景树、庭荫树、行道树及林带树，亦可用于丛植、群植，并系高山风景区之优良风景林树种。

● 华山松开裂球果

● 华山松 5针1束

● 华山松

白皮松

Pinus bungeana 松科松属

● 白皮松 球果

● 白皮松 树干

别名：蛇皮松、虎皮松、白骨松

形态特征：常绿乔木，高达30 m，胸径1 m余。树冠阔圆锥形、卵形或圆头形。幼树干皮灰绿色，光滑，大树干皮呈不规则片状脱落，形成白褐相间的斑鳞状。叶3针1束，针叶短而粗硬，长5～10 cm，针叶横切面呈三角形。球果圆卵形。花期4—5月，果期翌年9—11月。

分布习性：我国特产，生于海拔500～1 800 m山区地带，分布于山西、河北、山东等地区，华北、西南、西北南部等地最适合栽培。阳性树，喜光，抗寒力强，耐干燥瘠薄，是松类树种中能适应钙质黄土及轻度盐碱土壤的主要针叶树种。对二氧化碳有较强的抗性。

繁殖栽培：播种繁殖。喜深厚肥沃、排水良好的土壤。

园林应用：干皮斑驳美观，针叶短粗亮丽，极为美观。常配置于宫廷、寺庙以及名园之内。孤植或群植成风景林，或列植成行形成甬道，无不相宜。

● 白皮松

湿地松

Pinus elliottii 松科松属

● 湿地松

形态特征：常绿大乔木，树干通直，高25～35 m。树皮灰褐色，纵裂呈鳞状块片剥落。冬芽圆柱状，红褐色。针叶2针或3针1束，长18～30 cm，粗硬，深绿色，有光泽。腹背两面均有气孔线，边缘有细锯齿。球果长圆锥形，2～3个聚生。花期3—4月，果期翌年10—11月。

分布习性：原产于美国东南海岸，我国长江流域至华南地区广泛引种栽培。阳性树，喜光，忌荫蔽。耐寒，又能抗高温。耐旱亦耐水湿，可忍耐短期淹水。根系发达，抗风力强。

繁殖栽培：播种、扦插等法繁殖。

园林应用：苍劲而速生，适应性强，故在长江以南的园林和自然风景区中多有应用，亦可作庭园树或丛植、群植，宜植于河岸、池边。

● 湿地松 球果

黑松

Pinus thunbergii 松科松属

● 黑松

别名：白芽松

形态特征：常绿乔木，高可达30 m。树皮带灰黑色。叶丛生，2针1束。新芽白色。花单性，雌花生于新芽的顶端，呈紫色，多数种鳞（心皮）相重而排成球形。每个种基部，裸生2个胚球。雄花生于新芽的基部，呈黄色。花期4—5月，球果圆卵形，翌年9—11月成熟。

分布习性：原产于日本及朝鲜半岛东部沿海地区，我国山东、江苏、安徽、浙江、福建等沿海诸省普遍栽培。阳性树，喜光，深根性，抗风，耐瘠薄低温，在－25 ℃时仍可正常生长。但怕水涝、盐碱，在重钙质的土壤上生长不良。

繁殖栽培：春季播种繁殖。移植注意勿伤顶芽。

园林应用：树干挺拔苍劲，四季常春，不畏风雪严寒，风景区自然山地广泛栽培。园林绿地可孤植或丛植作风景树。

● 黑松 成熟开裂球果

● 黑松 球果

● 黑松 花

● 黑松 大型盆景

百山祖冷杉

Abies Beshanzuensis 松科冷杉属

● 百山祖冷杉 花

    形态特征：常绿乔木，高17 m，胸径达80 cm。具平展、轮生的枝条，树皮棕灰色，不规则块状开裂。大枝平展，小枝对生。叶螺旋状排列，在小枝上侧伸展呈不规则状，小枝下侧呈梳状，下面中脉凹下，有2条白色气孔带。雄球花下垂，雌球花圆柱形，直立。球果直立，圆柱形，熟时淡褐色或淡褐黄色，种鳞扇状四边形，种子倒三角形，具宽阔的膜质种翅。花期5月，球果11月成熟。

    分布习性：仅分布于浙江南部庆元县百山祖南坡海拔约1 700 m的林中。庆元百山祖冷杉被国际物种组织列为世界上最珍稀、濒危的12种植物之一，经过林业专家10多年来的精心繁育，目前迁地保护已获得成功。

    繁殖栽培：扦插或嫁接繁殖。

    园林应用：可作自然风景林带观赏树种。

● 百山祖冷杉

● 百山祖冷杉 球果

墨西哥落羽杉

Taxodium mucronatum 杉科落羽杉属

● 墨西哥落羽杉 叶

别名：墨西哥落羽松、尖叶落羽杉

形态特征：落叶或半常绿乔木，高可达50 m。树冠广圆锥形。树干尖削度大，基部膨大。树皮黑褐色，作长条状脱落。大枝斜生，一般枝条水平开展，大树的小枝微下垂。叶线形，扁平，紧密排列成2列，翌年早春与小枝一起脱落。花期春季，秋后果熟。

分布习性：原产于墨西哥及美国西南部。喜温暖、湿润环境，耐水湿，多生于排水不良的沼泽地内，对碱性土的适应能力较强。

繁殖栽培：可用播种及扦插繁殖，种子5 000～10 000粒/kg，发芽率20%～60%。

园林应用：落叶期短，生长快，树形高大挺拔，是优良的绿地树种，可作孤植、对植、丛植和群植，也可种于河边、宅旁或作行道树。

● 墨西哥落羽杉

罗汉松

Podocarpus macrophyllus 罗汉松科罗汉松属

形态特征：常绿乔木，高达20 m，胸径约60 cm。树皮灰色或灰黑色，浅片裂。叶螺旋状排列，线状披针形，长7～12 cm，宽7～10 mm，两面中脉明显隆起。雄球花3～7穗簇生叶腋，圆柱形，长3～5 cm；雌球花单生叶腋。种子卵圆形，长约1 cm，被白粉，熟时紫黑色，着生于肉质种托上，种托圆柱形，红色或紫红色。花期4—5月，种子8—11月成熟。

分布习性：原产于我国长江以南等地。我国长江流域以南各省区广泛栽培，江苏、安徽等地也可生长。半阴性树，喜温暖、湿润和半阴环境，耐寒性略差，怕水涝和强光直射。

繁殖栽培：播种及扦插繁殖。喜疏松肥沃、排水良好的沙质壤土。

园林应用：树姿秀丽葱郁，夏秋季果实累累，惹人喜爱，可配置于小庭院门前对植和墙垣、山石旁，也可盆栽或制作树桩盆景。

● 罗汉松 种子

● 罗汉松 叶

● 罗汉松

竹柏

Nageia nagi 罗汉松科竹柏属

形态特征：常绿乔木，高20～30 m，胸径50～70 cm。树干通直，树皮褐色，平滑，薄片状脱落。小枝树生，灰褐色。叶交叉对生，厚革质，宽披针形或椭圆状披针形，无中脉，有多数并列细脉，长3.5～9 cm，宽1.5～2.5 cm。种子核果状，圆球形，为肉质假种皮所包，生于瘦木质种托上。花期3—5月，种子10—11月成熟。

分布习性：产于我国东南部及广东、广西、四川等地，我国长江流域、广西、广东及东南省区可栽培应用，生长良好。阴性树，在阴处生长较好。喜温暖、湿润气候及土质疏松肥沃的酸性土壤，不耐贫瘠。

繁殖栽培：播种及扦插繁殖。生长期注意保持土壤湿润，不能积水，适当追肥2～3次。

园林应用：枝叶青翠富有光泽，树冠浓郁，树形挺拔多姿，是南方省区良好的庭荫树。此外，适合列植于建筑物北面作行道树。

● 竹柏 花

● 竹柏 叶

● 竹柏 种子

枫杨

Pterocarya stenoptera　胡桃科枫杨属

别名：元宝树

形态特征：落叶大乔木，高达30 m。枝髓片状，裸芽有柄。羽状复叶互生，小叶10～16枚，长椭圆形，长8～10 cm，缘有细齿。叶轴上有狭翅。坚果具2斜上伸展的翅，成串下垂。花期3—4月，果期6—9月。

分布习性：广布于黄河流域、长江流域至华南、西南和中部等地区。喜光，适应性强，不耐庇荫，但耐水湿、耐寒、耐旱。

繁殖栽培：种子繁殖，当年播种出芽率较高。

园林应用：常作行道树和固堤护岸树种。

●枫杨 花

●枫杨 果实

●枫杨

朴树

Celtis sinensis 榆科朴属

别　名：沙朴

形态特征：落叶乔木，高达20 m。树皮灰色，小枝密生毛。叶宽卵形或卵状长椭圆形，中上部边缘有锯齿，上面无毛，背面叶脉及脉腋处有毛，网脉隆起，叶柄长约1 cm。花杂性同株，雄花簇生于当年生枝下部叶腋；雌花单生于枝上部叶腋，1～3朵聚生。核果近球形，单生叶腋，熟时红褐色。花期4—5月，果期8—10月。

● 朴树　果实

分布习性：产于我国各地，越南、老挝、朝鲜亦有。生于村落郊野、路旁、溪边、河岸等处。喜光，稍耐阴，喜温暖气候及深厚肥沃的中性黏质土壤，耐轻微盐碱。深根性，抗风力强。

繁殖栽培：播种繁殖。移栽以早春为宜。

园林应用：树冠宽广，绿荫浓郁，适合作庭荫树及行道树。

● 朴树秋色

● 朴树　果实

● 朴树　叶

珊瑚朴

Celtis julianae 榆科朴属

● 珊瑚朴

别名：棠壳子树

形态特征：落叶乔木，高达27 m。树冠圆球形。单叶互生，宽卵形、倒卵形或倒卵状椭圆形，端渐短尖或尾尖，中部以上的叶片边缘有钝齿，上面较粗糙，下面密披黄色绒毛，中部具钝锯齿或全缘。一年生的枝条被有黄色或黄锈色柔毛。花序红褐色，状如珊瑚。核果卵球形，叶腋处着生，熟时橙红色，较大，味甜可食用。花期4月，果熟期9—10月。

分布习性：产于我国，分布于黄河以南地区。阳性树种，喜光，略耐阴。适应性强，不择土壤，耐寒、耐旱、耐水湿和瘠薄。深根性，抗风力强，抗污染力强，生长速度中等，寿命长。

繁殖栽培：种子繁殖。

园林应用：树体高大，荫质优，早春新叶嫩绿，是极好的春色叶树种，也是优良的观赏树、行道树及工厂绿化、四旁绿化的树种。

● 珊瑚朴 果实

黄葛树

Ficus virens var. *sublanceolata* 桑科榕属

● 黄葛树 果实

别名：黄葛榕、黄桷树

形态特征：落叶大乔木，高达26 m。叶卵状长圆形，长8～16 cm，先端急尖，基部心形或圆形，全缘，侧脉7～10对，坚纸质，无毛；托叶长带形。花序单生或成对腋生或生于已落叶的枝上。隐花果球形，熟时黄色或红色，径5～7 mm，无梗。

分布习性：原产于我国东南部至西南部以及亚洲南部至大洋洲，我国南方各地有栽培。为重庆市市树。

繁殖栽培：常用大枝扦插或高空压条，也可播种繁殖。

园林应用：树姿壮观，树大荫浓，宜作行道树、绿荫树和风景树。

● 黄葛树

● 黄葛树 果实

● 黄葛树 新叶

银桦

Grevillea robusta 山龙眼科银桦属

别名：澳洲银桦、红花银桦

形态特征：常绿乔木，高可达40 m，胸径1 m。树冠圆锥形。幼枝、芽及叶柄上密被锈褐色绒毛。单叶互生，叶2回羽状深裂，裂片5～10对，近披针形，长5～10 cm，边缘外卷，叶背密生银灰色绢毛。春季开花，总状花序，花橙色、白色或红色，未开放时弯曲管状，长约1 cm。果有细长花柱宿存。花期5月，果期7—8月。

分布习性：原产于大洋洲，现热带、亚热带地区广泛栽培。我国西南部、南部的暖亚热带、热带地区广泛栽培应用。喜光，喜温暖较凉爽气候，不耐寒，喜疏松肥沃的偏酸性土壤。

繁殖栽培：播种繁殖。对栽培土质要求不严，但以排水良好的腐叶质壤土或沙质壤土最佳。

园林应用：树干通直，高大伟岸，最宜作行道树、庭荫树，亦适合农村四旁绿化，低山营造速生风景林。

● 银桦

● 银桦 花

● 银桦 叶

鹅掌楸

Liriodendron chinense 木兰科鹅掌楸属

别名：马褂木

形态特征：落叶乔木，高达16 m。小枝灰色或灰褐色。叶马褂状，长4～18 cm，宽5～19 cm，每边常有2裂片，背面粉白色。花杯状，直径4～6 cm；花被片淡绿色，内面近基部淡黄色，长3～4 cm。聚合果纺锤形，长7～9 cm，小坚果有翅，顶端钝。花期5月。

分布习性：产于我国长江以南等地区，分布于海拔1 100～1 700 m地带。喜温暖、湿润和阳光充足的环境。耐寒、耐半阴，不耐干旱和水湿。

繁殖栽培：种子繁殖。

园林应用：叶形奇特，花大而美丽，是较珍贵的庭园观赏树种，宜作庭荫树及行道树。

● 鹅掌楸 果实

● 鹅掌楸 秋色

● 鹅掌楸 花

雁荡润楠

Machilus minutiloba 樟科润楠属

形态特征：常绿乔木，高15 m。树皮黑色，小枝黑褐色，当年生和二年生枝基部的芽鳞痕密集肿大成节状，仅新枝基部和芽鳞痕间有棕色绒毛。皮孔椭圆形，小而纵裂。顶芽球形。单叶互生，聚生枝梢，叶片薄革质，长椭圆形。果序圆锥状，腋生于当年生枝下端，核果扁球形，未熟时绿色，干后黑色。果期6月。

分布习性：特产于我国浙江乐清雁荡山（模式标本采集地）。

繁殖栽培：种子繁殖。

园林应用：浙江省特有树种，属浙江省珍稀濒危植物。本树种生长迅速、树势挺拔，是优良的园林树种，值得大力繁殖开发，有望成为温州地区重要的乡土树种。

● 雁荡润楠 果实

● 雁荡润楠

● 雁荡润楠芽鳞痕密集肿大成节状

香樟

Cinnamomum camphora 樟科樟属

别名：樟树

形态特征：常绿乔木，高达50 m。树皮幼时绿色，平滑，老时渐变为黄褐色或灰褐色纵裂。叶薄革质，卵形或椭圆状卵形，离基3出脉，背面微被白粉，脉腋有腺点。圆锥花序生于新枝的叶腋内。果球形，熟时紫黑色。花期4—5月，果期10—11月。

分布习性：分布于我国长江以南及西南地区。长江流域各地普遍栽培，生于土壤肥沃的向阳山坡、谷地及河岸平地。

繁殖栽培：种子繁殖为主。

园林应用：树干挺拔，枝叶浓密，树形美观，可作绿化行道树及防风林。

● 香樟 花

● 香樟 果实

● 香樟 花

● 香樟

壳菜果

Mytilaria laosensis 金缕梅科壳菜果属

● 壳菜果

● 壳菜果 叶

别名：米老排、合常叶

形态特征：常绿阔叶乔木，高可达30 m。叶革质，阔卵圆形，全缘或掌状3浅裂，长10～13 cm，宽7～10 cm，先端短急尖，基部心脏形，表面橄榄绿色，有光泽，背面黄绿色或稍带白色，掌状脉5条。叶柄长8～10 cm。肉穗状花序顶生或近顶生，黄色。蒴果椭圆形。花期4—6月。

分布习性：产于我国云南东南部、广西、广东等地，老挝也有。分布于海拔1 000～1 900 m的沟谷常绿阔叶林中。

繁殖栽培：种子繁殖。

园林应用：具有优良涵养水源、水土保持和恢复提高林地土壤肥力的作用，树形美观，枝叶茂盛，可作绿化行道树。

● 壳菜果 果实

● 壳菜果 花

● 壳菜果

枇杷

Eriobotrya japonica 蔷薇科枇杷属

别名：卢橘

形态特征：常绿小乔木，高可达10 m。小枝、叶背及花序密生锈色或灰棕色绒毛。单叶互生，叶片革质，披针形、长倒卵形或长椭圆形，长10～30 cm，宽3～10 cm，顶端急尖或渐尖，基部楔形或渐狭成叶柄，边缘有疏锯齿。圆锥花序花多而紧密，花白色，芳香。果近球形或长圆形，黄色或橙黄色。花期10—12月，果期翌年5—6月。

分布习性：原产于我国四川、湖北等地，长江流域、江淮、华南等地区广泛栽培。喜光，稍耐荫庇，喜温暖气候及湿润肥沃、排水良好的土壤，生长缓慢，不耐寒。

繁殖栽培：播种、嫁接为主，扦插压条也可。

园林应用：树形整齐美观，叶常绿富有光泽，冬季白花盛开，初夏果实累累，适合庭院、绿地栽培观赏。

● 枇杷

● 枇杷 果实

● 枇杷 花

合欢

Albizzia julibrissin 豆科合欢属

●合欢 花

●合欢 花

别名：绒花树、马缨花

形态特征：落叶乔木，高10～16 m。树冠开展呈伞形，小枝无毛。复叶具羽片4～12对，小叶10～30对，镰刀形，长圆形至线形，两侧极偏斜，花序头状，多数排列成伞房状，腋生或顶生。花丝粉红色。花期6—7月。

分布习性：产于朝鲜、日本、越南、泰国、缅甸、印度、伊朗，非洲东部也有分布，我国黄河流域及以南各地广泛栽培。生于路旁、林边及山坡上。喜光，较耐寒、耐干旱贫瘠，不耐水湿。

繁殖栽培：播种繁殖。10月采种，种子干藏至翌年春播种。

园林应用：树形姿势优美，叶形雅致，盛夏绒花满树，有色有香，能形成轻柔舒畅的气氛。宜作庭荫树、行道树，种植于林缘、房前、草坪、山坡等地，是行道树、庭荫树、四旁绿化和庭园点缀的观赏佳树。

●合欢 果实

●合欢

柚子

Citrus grandis 芸香科柑橘属

别名： 柚、抛

形态特征： 常绿小乔木，高5～10 m。小枝有毛，刺较大。叶卵状椭圆形，长6～17 cm，叶缘有钝齿，叶柄具宽大倒心形的宽翅。花两性，白色，单生或簇生叶腋。果较大，球形、扁球形或梨形，径15～25 cm，果皮平滑，淡黄色。花期4—5月，果期9—10月。

分布习性： 原产于印度，我国引种栽培历史悠久，南方各省都有种植。喜温暖、湿润气候及疏松肥沃、排水良好的中性或微酸性沙质壤土，不耐寒。

繁殖栽培： 嫁接、播种、扦插、空中压条等方法繁殖。

园林应用： 枝叶繁茂，四季常绿，秋季果实硕大，颇为诱人，适合庭院、公园等作为观果树种栽培观赏。

● 柚子 花　　● 柚子 果实　　● 柚子　　● 柚子 叶

重阳木

Bischofia polycarpa　大戟科重阳木属

形态特征：落叶乔木，高达10 m。树皮棕褐色或黑褐色，纵裂。全株光滑无毛，三出复叶互生，具长叶柄，叶片长圆卵形或椭圆状卵形，先端突尖或渐尖，基部圆形或近心形，边缘有钝锯齿。腋生总状花序，花小，淡绿色，有花萼无花瓣，雄花序多簇生，花梗短细，雌花序疏而长，花梗粗壮。果实球形浆果状，熟时红褐色或蓝黑色。花期4—5月，果期10—11月。

分布习性：为中国原产树种。主产于长江以南各地区。暖温带树种。喜光也稍耐阴，喜温暖、湿润的气候和深厚肥沃的沙质壤土，对土壤的酸碱性要求不严。较耐水湿，抗风、抗有毒气体。适应能力强，生长快速，耐寒能力弱。

繁育栽培：以种子繁育为主，混沙储藏越冬，当年苗高可达50 cm以上。

园林应用：树姿优美，冠如伞盖，花叶同放，花色淡绿，秋叶转红，艳丽夺目，抗风耐湿，生长快速，是良好的庭荫和行道树种。用于堤岸、溪边、湖畔和草坪周围作为点缀树种，极具观赏价值。

● 重阳木　果实

● 重阳木　花

● 重阳木

油桐

Vernicia fordii　大戟科油桐属

别名：三年桐

形态特征：落叶小乔木，高达12 m。单叶互生，卵形或宽卵形，长5～15 cm，全缘或三浅裂，幼时有毛，后脱落。叶柄端有2个紫红色无柄腺体。圆锥状聚伞花序顶生，花单性同株。花瓣白，有淡红色条纹，5枚，春天与叶同放。核果近球形，径3～6 cm，先端短尖。花期4—5月，果期7—10月。

分布习性：产于中国及越南。我国长江流域及以南地区普遍栽培，川东、湘西及鄂西南为集中产区。喜光，喜温暖、湿润气候，要求土壤排水良好，不耐水湿，生长迅速。

繁殖栽培：种子繁殖为主。

园林应用：树冠圆整，叶大荫浓，花大美丽，可为庭荫树及行道树。

● 油桐　果实

● 油桐　花

● 油桐　全树开花景观

杧果

Mangifera indica 漆树科杧果属

● 杧果 花

● 杧果 果实

别名：檬果、闷果、庵波罗果

形态特征：常绿大乔木。树冠呈伞形、圆形或卵形，树皮灰褐色，干上分枝条多，干粗。嫩叶暗紫色而老叶暗绿色，革质，叶互生，丛生于枝顶，揉之发出特有芳香，长椭圆形或长披针形，全缘，叶尖渐尖形。顶生圆锥花序，花小而多数，淡黄绿色、赤色或淡红色。核果倒卵形，成熟时为黄绿色或黄色。因品种不同，形态质量各异。花期2—4月。

分布习性：原产于印度、东南亚，我国海南岛、云南、广东、广西、台湾、福建、四川攀枝花等地有引种栽培。

繁殖栽培：种子育苗及嫁接繁殖。

园林应用：树性强健，适合作行道树、园景树。

● 杧果

青榨槭

Acer davidii 槭树科槭属

别名： 青虾蟆

形态特征： 落叶乔木，高7～15 m。树皮绿色，有蛇皮状白色条纹。叶广卵形或卵形，长6～14 cm，宽7～14 cm，基部心形，先端长尾状，边缘有钝尖二重锯齿。小坚果卵圆形，果翅展开成钝角或近于平角。花期3月，果期9月。

分布习性： 广布于我国黄河流域至华东、中南及西南等地，常生于海拔500～1 500 m疏林中。耐半阴，喜生于湿润溪谷。

繁殖栽培： 种子繁殖。

园林应用： 入秋叶色黄紫，较为美观，是城市园林、风景区等各种园林绿地的优美绿化树种。

●青榨槭

红枫

Acer palmatum 'Atropurpureum' 槭树科槭属

● 红枫 叶

别名：红叶鸡爪槭、紫叶鸡爪槭

形态特征：落叶小乔木，树高2～4 m。枝条多细长光滑，偏紫红色。叶掌状，5～7深裂，直径5～10 cm，裂片卵状披针形，先端尾状尖，缘有重锯齿。花顶生伞房花序，紫色。翅果，翅长2～3 cm，两翅间成钝角。花期4—5月，果期10月。

分布习性：喜阳光，怕烈日和西晒，喜温暖、湿润气候，较耐寒，稍耐旱，不耐水涝，适合于肥沃疏松且排水良好的土壤。

繁殖栽培：嫁接和扦插繁殖。

园林应用：广泛用于园林绿地及庭院作观赏树，以孤植、散植为主，也易于与景石相伴，观赏效果佳。

● 红枫 开花

● 红枫鸡爪槭配植景观

● 红枫

楝树

Melia azedarach 楝科楝属

● 苦楝 花

● 苦楝 果实

别名：苦楝

形态特征：落叶乔木，高15～25 m。树皮灰褐色，浅纵裂。小枝具叶痕和皮孔。二至三回羽状复叶互生。小叶卵形、椭圆形或披针形，边缘具粗钝锯齿。圆锥花序腋生，与复叶近等长，浅紫色或白色。核果，长1～2 cm，黄绿色或淡黄色，近球形或椭圆形。花期4—5月，果期10—11月。

分布习性：产于全国各地。生于低山丘陵或平原。喜光，不耐庇荫，喜温暖、湿润气候，耐寒力强。对土壤要求不严，喜生于肥沃湿润的壤土或沙质壤土。

繁殖栽培：播种繁殖。

园林应用：树形优美，叶形秀丽，花色艳丽，且耐烟尘，是工厂、城市、矿区绿化树种，宜作庭荫树及行道树。

● 苦楝 叶

● 苦楝树全株

龙眼

Dimocarpus longan 无患子科龙眼属

● 龙眼

别名：桂圆

形态特征：常绿乔木，高达10 m以上，树皮粗糙，薄片状脱落。偶数羽状复叶互生，小叶3～6对，长椭圆状披针形，长6～17 cm，全缘，基部稍偏斜。圆锥花序顶生或腋生，花小，黄色。果球形，熟时黄褐色。花期4—5月，果期7—8月。

分布习性：原产于我国台湾、福建、两广及四川南部等地。喜温暖、湿润气候，不耐寒，稍耐阴，对土壤的适应性较强，在微酸性或微碱性土壤中均能种植。

繁殖栽培：播种、扦插繁殖，但生产上主要采用嫁接繁殖。

园林应用：四季常绿，冠大荫浓，夏季黄果缀满枝头，蔚为美观，是我国广东、广西、福建、台湾等地优良的庭荫树及行道树，同时也是重要的经济果树。

● 龙眼 果实

大叶冬青

Llex latifolia 冬青科冬青属

别名：苦丁茶

形态特征：常绿乔木，高达20 m。树皮灰黑色，粗糙。枝条粗壮，平滑无毛，幼枝有棱。叶厚革质，长椭圆形，长8～20 cm，宽4.5～7.5 cm，顶端锐尖，基部楔形。聚伞花序密集于二年生枝条叶腋内，雄花序每一分枝有花3～9朵，雌花序每一分枝有花1～3朵，花淡黄绿色。果实球形，红色或褐色。花期4—5月，果期10月。

分布习性：生于山坡竹林内及灌木丛中。分布于长江下游各省及福建等地。

繁殖栽培：种子、扦插繁殖。

园林应用：可作园林绿化树种。

●大叶冬青 花

●大叶冬青 果实

●大叶冬青

枳椇

Hovenia acerba 鼠李科枳椇属

● 枳椇

别名：北枳椇、鸡爪梨、金钩子

形态特征：落叶乔木，高达10 m。叶片椭圆状卵形、宽卵形或心状卵形，长8～16 cm，宽6～11 cm，顶端渐尖，基部圆形或心形，常不对称，边缘有细锯齿。聚伞花序顶生和腋生，花小，黄绿色，直径约4.5 mm。果柄肉质，扭曲，红褐色。果实近球形，灰褐色。花期6月，果期8—10月。

分布习性：为中国特产，主产于我国长江和黄河中下游各地区。华北地区的微酸性土壤和中性土壤均能种植。深根性树种，萌芽力强，在适生地点生长迅速。

繁殖栽培：播种繁殖为主，也可扦插和分蘖。

园林应用：树干挺直，枝叶秀美，花淡黄绿色，果梗肥厚扭曲，是良好的园林绿化和观赏树种，用作庭荫树、行道树和草坪点缀树种较为适宜。果梗可生食，亦具药用价值，木材材质良好。

● 枳椇 果实

猴欢喜

Sloanea sinensis 杜英科猴欢喜属

形态特征： 常绿乔木，高达20 m。枝开展，小枝褐色。单叶互生，叶聚生小枝上部，全缘或中部以上有小齿，狭倒卵形或椭圆状倒卵形，长5~13 cm。花单生或数朵生于小枝顶端或叶腋，绿白色，下垂，花瓣4枚。蒴果木质，外被细长刺毛，卵形，熟时红色。花期5—6月，果期10月。

分布习性： 产于我国长江以南地区。生于海拔700~800 m向阳山坡、山谷以及溪沟两旁的常绿阔叶林中。中性偏阴树种，喜温暖气候及深厚、湿润、肥沃的酸性土。

繁殖栽培： 种子繁殖。

园林应用： 树姿端正，树冠浓绿，果实外的刺毛红色美丽，色艳形美，可植于庭院等处观赏。

● 猴欢喜 果实

● 猴欢喜

梧桐

Firmiana platanifolia 梧桐科梧桐属

形态特征：落叶大乔木，高达15 m。树干挺直，树皮绿色，平滑。叶心形，掌状分裂，直径15～30 cm，裂片三角形，顶端渐尖，全缘，五出脉，背面有细绒毛。花小，黄绿色；无花瓣，萼片5片，淡黄绿色；成顶生圆锥花序。蒴果在成熟前开裂成5舟形膜质心皮，种子大如豌豆，2～4颗着生果瓣边缘，成熟时棕色，有皱纹。花期7月，果期11月。

分布习性：产于中国和日本。喜光，喜温暖、湿润气候，耐寒性不强，生根性、萌芽力强，生长快。

繁殖栽培：种子繁殖。

园林应用：树皮青翠，叶形大而美，洁净可爱，适于草坪、庭院孤植或丛植，是优良的庭荫树及行道树种。

● 梧桐 果实

● 梧桐 花特写

● 梧桐 花期整体

● 梧桐 花

木荷

Schima superba 山茶科木荷属

别名：荷树、荷木

形态特征：常绿乔木，高20～30 m。单叶互生，叶革质，卵状椭圆形至矩圆形，长10～12 cm，宽2.5～5 cm，基部楔形，边缘疏生浅钝齿。花白色，径3～5 cm，单朵顶生或集成短总状花序，有芳香。蒴果木质，径约1.5 cm，扁球形。花期4—5月，果期9—11月。

分布习性：产于我国长江流域各地区，华南及台湾等地也有分布。我国长江流域各省区均可栽培。喜温暖、湿润气候，生长适温16～22 ℃，能耐短时－10 ℃低温。喜光但幼树耐阴，耐干旱、贫瘠，对土壤适应性强。深根性，生长速度快。

繁殖栽培：播种繁殖。栽培以深厚肥沃、排水良好的酸性沙质壤土最佳。

园林应用：树冠浓郁，新叶红艳，花有芳香，可作庭荫树及风景林。因叶革质，耐火，可营建防火林带。

木荷

木荷 花

紫薇

Lagerstroemia indica 千屈菜科紫薇属

● 紫薇 花

别名：痒痒树、惊儿树

形态特征：落叶小乔木或灌木，高达7 m。树皮光滑，幼枝4棱，稍成翅状。叶互生或对生，近无柄，椭圆形、倒卵形或长椭圆形，顶端尖或钝，基部阔楔形或圆形，光滑无毛或沿主脉上有毛。圆锥花序顶生，花瓣6枚，红色或粉红色。蒴果椭圆状球形。花期6—9月，果期9—10月。

分布习性：产于亚洲南部及澳大利亚北部。我国华东、华中、华南及西南等地均有分布，各地普遍栽培。喜光，稍耐阴，喜温暖气候，耐寒性不强。喜肥沃、湿润而排水良好的石灰性土壤，耐旱，怕涝。萌蘖性强，生长较慢，寿命长。

繁殖栽培：播种、扦插和分株繁殖，但以扦插繁殖较好。

园林应用：树姿优美，树干光洁，花色艳丽而花期特长，夏秋相连长可逾百日，是观赏佳品，既可用作庭院、公园、绿地的美化，也可用来盆栽观赏。

● 紫薇

●紫薇

四照花

Cronus japonica var.chinensis 山茱萸科四照花属

别名：山荔枝、鸡素果、石枣

形态特征：落叶灌木至小乔木，高可达9 m。小枝细，绿色，后变褐色，光滑。叶对生，纸质，卵形或卵状椭圆型，被白柔毛。花小，集合成一圆球状的头状花序，生于小枝顶端，具20～30朵花。有白色大形的总苞片4枚，花瓣状，卵形或卵状披针形。核果聚为球形的聚合果，肉质。花期5—6月，果期9—10月，果熟后变为紫红色。

分布习性：产于我国长江流域诸省及河南、陕西、甘肃等地，多生于海拔600～2 200 m的林内及山谷、溪流旁。性喜光，亦耐半阴，喜温暖气候和阴湿环境，适生于肥沃而排水良好的沙质壤土。适应性强，能耐一定程度的寒、旱、瘠薄，耐－15℃低温，在江南一带能露地栽植。

繁殖栽培：常用分蘖法及扦插法，也可用种子繁殖。

园林应用：树形美观、整齐，初夏开花，白色苞片覆盖全树，微风吹动如同群蝶翩翩起舞，十分别致。秋季红果满树，是一种美丽的庭园观花、观果树种，可孤植或列植。

四照花 花

四照花 果实

四照花

人心果

Manilkara zapota 山榄科铁线子属

● 人心果 花

别名：人参果、赤铁果

形态特征：常绿乔木，高达25 m。茎干枝条灰褐色，有明显叶痕。单叶互生，集生于枝梢，革质，卵状长椭圆形，浓绿色，长6～13 cm，全缘。花细小，黄白色，自叶腋抽出，外被锈色绒毛。浆果纺锤形、卵形或球形，褐色，肉质。花果期4—9月。

分布习性：原产于热带美洲地区，我国云南、广东、广西、海南、福建、台湾等地均有栽培。喜高温和肥沃深厚的沙质壤土，在肥力较低的黏质壤土也能正常生长发育，适应性较广，能短时耐－2～－1 ℃低温。

繁殖栽培：播种或压条繁殖。幼树应剪顶，促使侧枝生长，冬季剪除病虫枝和枯枝。

园林应用：树冠圆形或塔形，树形挺拔端正，果实诱人，可作小径行道树或在庭院、宾馆空地作为果树栽培。

● 人心果 果实

厚壳树

Ehretia thyrsiflora 紫草科厚壳树属

● 厚壳树 花

形态特征：落叶乔木，高达15 m，干皮灰黑色纵裂。单叶互生，叶厚纸质，长椭圆形，缘具浅细尖锯齿，叶面用指甲划刻可现紫色划痕。花两性，顶生或腋生圆锥花序，花冠白色。近球形核果，橘红色，熟后黑褐色。花期6月，果期7—8月。

分布习性：我国原产种，主产于我国的中部及西南地区。分布于我国华东、华中、华南、西南省区。亚热带及温带树种，喜光，稍耐阴，喜温暖、湿润的气候和深厚肥沃的土壤。耐寒，较耐瘠薄，根系发达，萌蘖性好，耐修剪。

繁殖栽培：播种和分蘖均易成活。

园林应用：枝叶繁茂，叶片绿薄，春季白花满枝，秋季红果遍树。由于具有一定的耐阴能力，可与其他的树种混栽，形成层次景观，为优良的园林绿化树种。

● 厚壳树

灌木类

灌木（Shrubs）是指没有明显的主干，呈丛生状或匍匐状，且高度在6 m以下的木本植物。一类基部木质化，上部草质，每年仅上部枯死的植物称为"亚灌木"，如牡丹、一品红等。

铺地柏

Sabina procumbens 柏科圆柏属

● 铺地柏 叶

别名：葡萄柏

形态特征：匍匐小灌木，高达75 cm，冠幅逾2 m，贴近地面伏生。叶全为刺叶，3叶交叉轮生，叶上面有2条白色气孔线，下面基部有2白色斑点，叶基下延生长，叶长6~8 mm。球果球形，内含种子2~3粒。

分布习性：原产于日本，我国各地常见栽培，为习见桩景材料之一。喜光，能在干燥的沙地上生长良好，喜石灰质的肥沃土壤，忌低湿地。

繁殖栽培：用扦插法易繁殖。

园林应用：在园林中可配植于岩石园或草坪角隅，又为缓土坡的良好地被植物，各地亦经常盆栽观赏。

● 铺地柏

千叶兰

Muehlenbeckia complexa 蓼科千叶兰属

别名：千叶草、千叶吊兰、铁线兰

形态特征：多年生常绿小灌木。植株匍匐丛生，茎红褐色，细长。叶互生，叶片心形或圆形。

分布习性：原产于新西兰，我国长江三角地区有栽培应用。喜温暖、湿润的环境，在阳光充足和半阴湿处都能生长。耐寒性强，冬季可耐-8℃左右的低温。稍耐干旱，适应性强。

繁殖栽培：扦插或分株繁殖。扦插在整个生长季节均可进行，插后保持土壤和空气湿润，10～15天可生根。夏季要及时浇水，防止因干旱而引起的植株干枯。

园林应用：株形饱满，覆盖性好，观赏价值较高，为良好的耐阴湿观叶地被植物。可置花境、岩石园或片植于林下，也可在室内作吊盆栽种或放在高出的花架、柜子顶上，使其枝条自然下垂。

● 千叶兰

● 千叶兰 叶

● 千叶兰 景观

牡丹

Paeonia suffruticosa 毛茛科芍药属

别名：木芍药、富贵花、洛阳花

形态特征：落叶灌木，高多为0.5～2 m。根肉质，粗而长。二回三出复叶互生，枝上部常为单叶，小叶卵形，3～5裂，叶背有白粉。花单生于当年枝顶，径10～30 cm。栽培历史悠久，品种繁多，花型有单瓣、重瓣等；花色有白、黄、粉、红、紫红、绿、复色等。聚合蓇葖果，密生黄褐色毛。花期4—5月，果9月成熟。

分布习性：产于我国西部及中部地区，秦岭山区有野生分布，我国华北、西南及长江流域各地区广泛栽培。喜温和凉爽的气候，较耐寒，不耐酷热。喜光，但忌烈日暴晒，以半阴为佳。

● 牡丹 果实

繁殖栽培：分株、嫁接、播种等法。秋季移植，剪除断根、弱根，栽培时根颈与土面齐平，以肥沃深厚、排水良好的微酸性壤土为宜。

园林应用：株形端庄，枝叶秀丽，花大色艳，有"国色天香"之誉，宜建专类园及配置于古典园林观赏，亦可栽植于假山岩石、草坪林缘等处，无不相宜。

● 牡丹 花

● 牡丹 花

小檗

Berberis thunbergii 小檗科小檗属

别名：日本小檗

形态特征：落叶灌木，高达2～3 m。多分枝，枝条广展，老枝灰棕色或紫褐色，嫩枝紫红色。刺细小，通常单一，很少分叉。叶片常簇生，全缘，倒卵形或匙形，顶端钝尖或圆形，有时有细小短尖头，基部急狭成楔形。花序伞形或近簇生，通常有花2～5朵，花黄色。浆果长椭圆形，熟时红色或紫红色。花期4—5月，果期9—10月。

分布习性：原产于日本，我国华北、华东、华南及长江流域等广大地区均有栽培。喜温暖、湿润和阳光充足的环境。耐寒，耐干旱，不耐水涝，稍耐阴。萌芽力强，耐修剪。

繁殖栽培：播种及扦插繁殖。栽培时土壤以疏松肥沃、排水良好的沙质壤土为宜。

园林应用：叶小圆形，入秋变色，春日黄花，秋季红果，可作观赏刺篱，也可作基础种植，在假山、池畔等处用作点缀。

[附] 同属常见栽培尚有：

①金叶小檗 *Berberis thunbergii* 'Aurea':

枝叶金黄色，喜光，荫蔽处叶色不佳，其余同小檗。

②紫叶小檗 *Berberis thunbergii* 'Atropurpurra':

枝叶紫红色，喜光，荫蔽处叶色不佳，其余同小檗。

③长柱小檗 *Berberis lempergiana*：

常绿小灌木，叶长椭圆形，硬革质，有刺3分叉，花8～20朵簇生。

• 小檗　　• 长柱小檗　　• 紫叶小檗　　• 金叶小檗

南天竹

Nandina domestica 小檗科南天竹属

形态特征：常绿灌木，高达2 m。茎直立，丛生少分枝，幼枝常红色，顶端有宿存的短叶柄。叶互生，2～3回羽状复叶，小叶圆状披针形，革质，全缘，深绿色，冬季变红色。圆锥花序顶生，花小，白色。浆果球形，鲜红色。花期5—7月，果期10—11月。

分布习性：原产于我国和日本，我国各地广为栽培，长江以南可露地栽培。喜阳光、温暖湿润、通风良好的环境。耐寒、耐旱、耐半阴，在排水良好的沙壤中生长好。

繁殖栽培：播种或分株繁殖。播种在果实成熟采后即播或春播。分株宜春季或秋季进行。

园林应用：观果观叶小灌木。丛植布置庭院、花境；片置于草坪中、园内路旁、河边、分车带或林下、木栈道旁。

同属常见栽培应用的有：

火焰南天竹 *Nandina domestica* 'Firepower':

幼叶及冬季叶亮红色至紫红色，初秋叶变红色，较南天竹红色叶深，变色期早。

● 南天竹 花

● 火焰南天竹

● 南天竹 果实

十大功劳

Mahonia fortunei 小檗科十大功劳属

别名：黄天竹、土黄柏、刺黄芩、猫儿刺

形态特征：常绿灌木，高达2 m。一回羽状复叶互生，长15～30 cm。小叶3～9枚，革质，披针形，长为宽的3倍以上，基部楔形，边缘有6～13个刺状锐齿。托叶细小。总状花序直立，4～8个簇生。花瓣黄色。浆果圆形或长圆形，蓝黑色，被白粉。花期7—10月。

分布习性：我国浙江、湖北、四川等地有分布。生于树林灌木丛中。

繁殖栽培：扦插繁殖。在夏季高温季节，注意通风透气，干旱时及时浇水，以防发生白粉病。

园林应用：布置庭院；作绿篱种植；片植于林缘或林下。

同属常见栽培应用的有：

阔叶十大功劳 *Mahonia bealei*：

常绿灌木，高达4 m。叶柄基部扁宽抱茎。小叶卵形，长不逾宽的3倍，小叶7～15片。广卵形至卵状椭圆形，先端渐尖成刺齿，边缘反卷，每侧有2～7枚大刺齿。花期3—4月，果期10—11月。

十大功劳

阔叶十大功劳 果实

十大功劳 花

阔叶十大功劳 花

蜡梅

Chimonanthus praecox 蜡梅科蜡梅属

● 蜡梅 果实

别名：腊梅、蜡木、黄梅花

形态特征：落叶灌木，株高可达4 m。叶纸质至近革质，卵圆形、椭圆形、宽椭圆形至卵状椭圆形，有时长圆状披针形；顶端急尖至渐尖，有时具尾尖；基部急尖至圆形。花生于第二年生枝条叶腋内，先花后叶，具芳香。萼片与花瓣无明显区别，外轮黄色，内轮常有紫褐色花纹。果坛状或倒卵状椭圆形。花期11月至第二年3月，果期4—11月。

分布习性：分布于我国山东、江苏、福建、江西、陕西、云南等十几个省市，多生于山地林中。喜阳光，也耐半阴，耐寒，较耐湿，耐热性差，对土壤要求不严。

繁殖栽培：播种、压条、嫁接及分株等法。我国各地栽培广泛，以土层深厚、富含腐殖质的壤土为佳。

园林应用：花色靓丽，冬季少花季节开放，极适合公园、庭园、小区及园林绿地等群植或孤植，也可与松、竹等植物配植。

● 蜡梅 花

红花檵木

Loropetalum chinense var. *rubrum* 金缕梅科檵木属

●红花檵木 花

形态特征：常绿灌木。树皮暗灰色或浅灰褐色，多分枝，嫩枝红褐色，密被星状毛。叶暗紫色，革质互生，卵圆形或椭圆形，全缘，先端短尖，基部圆而偏斜，不对称。花顶生头状花序，3～8朵簇生于小枝端，花瓣4枚，紫红色，线形。花期4—5月。

分布习性：我国长江中下游及以南地区有分布，印度北部也有。喜光，稍耐阴，阴处叶色易变绿。适应性强。喜温暖、耐寒、耐旱。萌芽力强，耐修剪。耐瘠薄，但宜在肥沃、湿润的微酸性土壤中生长。

繁殖栽培：扦插繁殖为主。

园林应用：叶色美丽，花量繁多，花色鲜艳，是花、叶俱美的观赏植物。孤植布置庭院或修剪成球；丛植布置于林缘；片植于林下、山坡或水边。

●红花檵木

溲疏

Deutzia scabra 虎耳草科溲疏属

别名：空疏

形态特征：落叶灌木，高2～2.5 m。树皮薄片状剥落。小枝中空，红褐色，幼时有星状柔毛。叶对生，长卵状椭圆形，缘有细锯齿。直立圆锥花序，长5～12 cm。花白色或外面略带红晕，花瓣5枚。蒴果近球形，顶端平截。花期5—6月，果期8—9月。

分布习性：原产于江苏、安徽、江西、湖北、贵州等地区。我国华北、西南及长江流域各地区均有栽培。喜温暖、湿润气候，喜光，稍耐阴，较耐寒且耐旱，萌蘖性强，耐修剪。对土壤要求不严，但以肥沃湿润的沙质壤土为佳。

繁殖栽培：扦插、播种、压条、分株繁殖。

园林应用：夏季开白花，繁密而素雅，花期又长。宜植于草坪、山坡、路旁及林缘和岩石园，也可作花篱栽植。

溲疏

圆锥绣球

Hydrangea paniculata 虎耳草科八仙花属

别名：水亚木

形态特征：落叶灌木，高2～3 m。小枝紫褐色，略呈方形。叶对生，在上部有时三叶轮生，叶卵形或长椭圆形，先端渐尖，基部楔形，缘有锯齿。圆锥花序顶生，长10～20 cm。可育两性花，小形，白色；不育花，大形，仅具4枚花瓣状萼片，全缘，白色，后渐变淡紫色。花期8—9月，果期8—11月。

● 圆锥绣球 花

分布习性：原产于我国长江流域，华东、西南、华南及长江流域各省区均有栽培。喜温暖、湿润及半阴的环境，不耐寒，怕干旱及水涝。

繁殖栽培：扦插、压条、分株等法繁殖。移植可在冬季落叶后或早春萌芽前进行。栽培以疏松肥沃、排水良好的沙质壤土为宜。

园林应用：花序硕大，花期又长，为优良耐阴下木，最宜丛植或片植于林下、池畔、路旁或建筑物阴面。

● 圆锥绣球

八仙花

Hydrangea macrophylla 虎耳草科八仙花属

● 八仙花

● 银边八仙花

别名：绣球、紫阳花

形态特征：落叶灌木。高1～4m。小枝粗壮，皮孔明显。叶对生，叶厚纸质，上面亮绿色，下面黄绿色。叶片椭圆形、倒卵形或宽卵形，边缘除基部外有三角形粗锯齿。伞房花序顶生，近球形；花色多变，有白、蓝、粉红、红等色。花期6—7月。

分布习性：原产于我国湖北、广东、云南等地，日本也有分布。我国各地均有栽培。喜温暖、湿润环境。耐半阴，不耐暴晒，忌涝。宜在肥沃、疏松、排水良好的沙质壤土中生长。土壤酸碱度和花色密切相关，酸性土壤中为蓝色，中性或碱性土壤中为红色。

繁殖栽培：扦插或分株繁殖。扦插在整个生长过程中均可进行，分株繁殖在秋季进行。

园林应用：布置花坛、花境、庭院；丛植于路旁、林缘；片植于林下、建筑物或山石背面；也可盆栽观赏。水边或常绿树下种植，开花少。疏林中光线好处散植八仙花，开花多且花径较大。

同属常见栽培应用的有：

银边八仙花 *Hydrangea macrophylla* var. *maculata*：叶边缘上有不规则银白色斑块。

● 八仙花

海桐

Pittosporum tobira 海桐花科海桐花属

别名：山矾花、七里香

形态特征：常绿灌木或小乔木，高达3 m。枝叶密生，叶多数聚生枝顶，单叶互生，厚革质狭倒卵形，长5～12 cm，宽1～4 cm，全缘，顶端钝圆或内凹，基部楔形，边缘常略外反卷。聚伞花序顶生。花白色或带黄绿色，芳香。蒴果近球形，有棱角，初为绿色，后变黄色，成熟时3瓣裂，果瓣木质。种子鲜红色，有黏液。花期5月，果期9—10月。

分布习性：原产于宜溧山区，分布于长江流域及东南沿海各省。生于林下或沟边，喜光，亦较耐阴。对土壤要求不严，黏土、沙土、偏碱性土及中性土均能适应，萌芽力强，耐修剪。

繁殖栽培：播种或扦插繁殖；种子萌发力强，故多采用种子繁殖。

园林应用：在气候温暖的地方，是理想的花坛造景树，或造园绿化树种，尤其是适合种植于海滨地区。多作房屋基础种植和绿篱。

同属常见栽培应用的有：

花叶海桐 *Pittosporum tobira* 'Variegata'：

叶边缘上有不规则银白色斑块。

●海桐

●花叶海桐

●海桐 果实

●海桐球

白鹃梅

Exochorda racemosa 蔷薇科白鹃梅属

● 白鹃梅　花

别名：茧子花、金瓜果

形态特征：落叶灌木，高可达3～5 m，全株无毛。单叶互生，长椭圆形至长圆状倒卵形，长4～7 cm，宽1.5～4 cm；先端圆钝，基部楔形，全缘叶，两面无毛，叶柄极短，叶背面灰白色。顶生总状花序，具花6～10朵，花白色，径约4 cm。蒴果，倒圆锥形，具5棱脊。花期4月，果期8—9月。

分布习性：产于我国江苏、浙江、湖南、湖北等地。我国长江流域、华北、西南地区可栽培。喜温暖、湿润、阳光充足环境，喜光，稍耐阴，较耐寒。喜深厚、肥沃、湿润土壤，也耐干旱、瘠薄。

繁殖栽培：播种、扦插、嫁接繁殖。移植可在秋季落叶后或早春萌芽前进行。

园林应用：春季白花似雪，清丽动人，宜配植于草地边缘或山石旁，亦可丛植于桥畔、亭前。

●白鹃梅

棣棠

Kerria japonica 蔷薇科棣棠花属

别名：地棠、黄棣棠、棣棠花

形态特征：落叶灌木，高达2 m，冠幅约2 m。小枝绿色，光滑、有棱。单叶互生，卵形或卵状椭圆形，缘具重齿。花单瓣，黄色，单生于侧枝端，花径3.0~4.5 cm。瘦果5~8个，离生。花期4—5月。

分布习性：产于我国河南、陕西、甘肃、湖南、四川、云南等地。我国黄河流域至华南、西南等省区均可栽培。喜温暖、湿润气候，喜光，稍耐阴，耐寒性不强。喜深厚、肥沃、排水良好的疏松土壤。

繁殖栽培：播种、扦插、分株繁殖。移植早春萌芽前进行，小苗可裸根移植，大苗需带土球。常见栽培品种重瓣棣棠（*K.japonica* 'Pleniflora'）。

园林应用：枝叶繁茂，花时黄色花朵，醒目诱人。在园林中可用作花篱，或丛植于草坪、角隅、路边、林缘、假山旁。

● 棣棠

● 重瓣棣棠

粉花绣线菊

Spiraea japonica 蔷薇科绣线菊属

别名： 日本绣线菊

形态特征： 落叶灌木，高可达1.5 m。枝开展，小枝光滑或幼时有细毛。单叶互生，卵状披针形至披针形，长2~8 cm，先端尖，边缘具缺刻状重锯齿，叶面散生细毛，叶背略带白粉。复伞房花序，生于当年生枝端，花粉红色。蓇葖果，卵状椭圆形。花期6—7月，果期8—9月。

分布习性： 原产于日本，我国长江流域、华南、西南等地可栽培。喜光，稍耐阴。耐寒，耐瘠薄，耐旱，亦耐湿。萌蘖性强，耐修剪。栽培以肥沃、湿润的沙质壤土为佳。

繁殖栽培： 播种、扦插、分株等法繁殖。移植宜在冬季落叶后进行，需带土球。

园林应用： 花色姣妍，甚为醒目，且春末夏初少花季节开放，值得推广。可片植于草坪、池畔、花径等处，或丛植于假山岩石、庭园一隅，甚为美观。

粉花绣线菊

金山绣线菊

Spiraea bumalda 'Gold Mound' 蔷薇科绣线菊属

形态特征：落叶小灌木，高达30～60 cm。叶卵状，互生，新叶金黄，老叶黄色，夏季黄绿色。8月中旬叶色转金黄，10月中旬后，叶色带红晕，12月初开始落叶。色叶期5个月。花蕾及花均为粉红色，10～35朵聚成复伞形花序。花期5—10月。

● 金山绣线菊

分布习性：原产于美国，我国华北、西南、华南及长江流域各地区均可栽培。喜温暖、湿润气候，喜光，稍耐阴，耐寒，耐旱，生长快，易成型。

繁殖栽培：扦插或分株繁殖，耐修剪。栽培以深厚肥沃、排水良好的沙质壤土为宜。

园林应用：春季萌动后，新叶金黄明亮，株形丰满呈半圆形，为优良的彩色地被。可配置于草坪、路边及林缘，或点缀假山岩石，亦可片植作色块应用。适宜种在花坛、花境、草坪、池畔等地。

同属常见栽培的有：

金焰绣线菊 *Spiraea bumalda* 'Gold Flame'：
叶黄褐色。

● 金焰绣线菊

单瓣李叶绣线菊

Spiraea prunifolia var. *simpliciflora* 蔷薇科绣线菊属

● 单瓣李叶绣线菊 花

别名：笑靥花

形态特征：落叶灌木，高达3 m，枝细长而有角楞。叶小，椭圆形至卵形，长3～6 cm，叶缘中部以上有锐锯齿，叶背有细短柔毛或光滑。伞形花序，无总梗，具花3～6朵。花白色、单瓣，中心微凹如笑靥。花径约1 cm，花梗细长。花期4—5月。

分布习性：原产于我国长江流域地区，华北、华南、西南及长江流域地区可栽培。喜光，稍耐阴，耐寒，耐旱，耐瘠薄，亦耐湿。萌蘖性、萌芽力强，耐修剪。对土壤要求不严，但在肥沃、湿润土壤中生长最佳。

繁殖栽培：播种、扦插、分株等法繁殖。移植宜在冬季落叶后进行，需带土球。

园林应用：早春开花，花色洁白，繁密似雪。可丛植于池畔、山坡、路旁或林缘，亦可成片群植于草坪及深色建筑物角隅。

● 单瓣李叶绣线菊

珍珠梅

Sorbaria sorbifolia 蔷薇科珍珠梅属

别名： 东北珍珠梅

形态特征： 落叶灌木，高达2 m。奇数羽状复叶，小叶7～17枚。小叶片对生，披针形至卵状披针形。顶生圆锥花序大。小花白色，直径10～15 mm。蓇葖果长圆形，具顶生弯曲的花柱。花期7—9月，果期9—10月。

分布习性： 原产于我国东北、内蒙古等地。喜光，较耐阴，耐寒性强，不耐旱、涝。生长快，萌蘖性强，耐修剪。对土壤要求不严，但以肥沃、湿润、排水良好的沙质壤土为宜。

繁殖栽培： 播种、扦插及分株繁殖。

园林应用： 株丛丰满，枝叶清秀，贵在缺花的盛夏开出清雅的白花且花期很长。并对多种有害细菌具有杀灭或抑制作用，适宜在各类园林绿地中种植。

● 珍珠梅

● 珍珠梅 叶

● 珍珠梅 花

玫瑰

Rosa rugosa 蔷薇科蔷薇属

● 玫瑰 花

别名：刺玫花、徘徊花、情人花

形态特征：落叶直立灌木，高达2 m。茎枝灰褐色，密生皮刺及刚毛。奇数羽状复叶，小叶5～9枚，椭圆形至倒卵状椭圆形，锯齿钝，叶质厚，叶面皱褶，背面有柔毛及刺毛。花单生或3～6朵集生，常为紫红色，芳香。果扁球形。花期5—8月，果期9—10月。

分布习性：原产于我国华北、西北、西南等地，全国各地都有栽培，以山东、广东、江苏、浙江最多。喜凉爽通风、阳光充足的环境，阴处生长不良开花少。耐寒、耐旱、忌水涝及土壤黏重。萌蘖性强，生长迅速。喜疏松、肥沃、排水良好的微酸性沙质壤土。

繁殖栽培：分株、扦插、嫁接繁殖。移栽宜在秋季落叶后进行。

园林应用：花色艳丽，芳香浓郁，是著名的芳香花木。可丛植于草坪、路旁、坡地、林缘等处。

● 玫瑰 枝

● 玫瑰 叶

月季

Rosa chinensis 蔷薇科蔷薇属

别名：长春花、月月红、斗雪红、瘦客、胜春

形态特征：常绿或半常绿灌木，高达2 m。小枝具钩状皮刺，无毛。奇数羽状复叶，小叶3～5枚，卵状椭圆形。花常数朵簇生，微香，单瓣，粉红色或近白色。果卵形，红色。花期5—11月，果期9—11月。本种为现代月季杂交育种重要的原始材料，栽培品种繁多。

分布习性：原产于湖北、四川、云南、湖南、江苏、广东等地，我国长江流域、西南、华南等地区露地栽培，华北地区需要灌水、重剪并堆土保护越冬。喜温暖、湿润气候，喜光，较耐寒，能耐 -15 ℃低温，适应性强。栽培以肥沃、疏松之微酸性沙质壤土为宜。

繁殖栽培：嫁接，扦插繁殖为主。育种多用播种。

园林应用：品种繁多，花色娇艳，芳香馥郁，为风靡世界木本观赏植物。可种于花坛、花境、草坪角隅、墙垣篱笆等处，也可布置成月季专类园。

缫丝花

Rosa roxburghii 蔷薇科蔷薇属

● 缫丝花 叶

别名：刺梨、木梨子

形态特征：落叶或半常绿灌木，高约2.5 m。树皮成片脱落，小枝常有成对皮刺。小叶9～15枚，有时7枚，常为椭圆形，顶端急尖或钝，基部宽楔形，边缘有细锐锯齿，两面无毛。叶柄、叶轴疏生小皮刺。托叶大部和叶柄合生。花1～2朵，淡红色或粉红色，重瓣，直径4～6 cm，微芳香。花柄、萼筒和萼片外面密生刺。果扁球形，外面密生刺。花期5—7月。

分布习性：原产于我国江西、湖北、广东、四川、贵州、云南等地，我国长江流域及西南地区可栽培。喜温暖、湿润和阳光充足的环境，较耐寒，稍耐阴。栽培以疏松肥沃、排水良好的酸性沙质壤土为宜。

繁殖栽培：播种、扦插等法繁殖。移植可在早春进行，选择阳光充足，排水顺畅之地种植。

园林应用：花色粉红，略有芳香，果黄色可食用。适宜丛植于坡地、路旁，亦可植于庭院，观花赏果皆宜。

● 缫丝花

鸡麻

Rhodotypos scandens 蔷薇科鸡麻属

● 鸡麻 叶

别名：白棣棠

形态特征：落叶灌木，高达3 m。老枝紫褐色，小枝细长开展，初绿色，后变浅褐色。单叶对生，叶卵形或椭圆状卵形，边缘有尖锐重钝齿，长4～8 cm，端锐尖，基圆形，表面皱。花纯白色，单生枝顶，径3～5 cm，花瓣及花萼均为4片。核果4枚，倒卵形，长约8 mm，黑色有光泽。花期4—5月，果期7—8月。

分布习性：产于我国辽宁、山东、河南、陕西、甘肃、安徽等地，东北、华北、西北及长江流域地区可栽培。喜温暖、湿润的环境，喜光，耐半阴，较耐寒，不耐涝。

繁殖栽培：分株、播种、扦插繁殖。耐修剪，适生于深厚肥沃、排水良好的沙质壤土。

园林应用：鸡麻开花清秀美丽，适宜丛植草地、路缘、角隅或池边，亦可配植于山石旁。

● 鸡麻 果实

● 鸡麻 花

麦李

Prunus glandulosa 蔷薇科李属

形态特征：落叶灌木，高达1.5 cm。叶卵状长椭圆形至椭圆状披针形，长5～8 cm，先端急尖而常圆钝，基部广楔形，缘有细钝齿，两面无毛或背面中肋疏生柔毛。花单生或2朵簇生，粉红色或近白色，径约2 cm，花先叶开放或与叶同放。核果近球形，红色。花期4月，果期5—8月。

分布习性：产于我国长江流域及西南地区，长江流域、西南、华南、华北、东南等地区可栽培。喜温暖、湿润气候，喜光，较耐寒性。忌低洼积水及土壤黏重，喜深厚湿润、排水良好的沙质壤土。

繁殖栽培：分株或嫁接繁殖，砧木用山桃。移植在落叶后或早春萌芽前进行，可裸根移植。

园林应用：春季叶前开花，满树灿烂，宜配植于草坪、路边、假山旁及林缘。

• 麦李

平枝栒子

Cotoneaster horizontalis 蔷薇科栒子属

别名：铺地蜈蚣

形态特征：常绿或半常绿灌木，高约0.5 m，枝水平开展成整齐2列。叶小，厚革质，近卵形或倒卵形，先端急尖，表面暗绿色，无毛，背面疏生平贴细毛。花小，无柄，粉红色，径5～7 mm。果近球形，径4～6 mm，鲜红色，经冬不落。花期5—6月，果期9—10月。

● 平枝栒子 果实

分布习性：产于我国陕西、甘肃、湖南、湖北、四川、云南、贵州等地，西南、华北及长江流域地区可栽培。喜湿凉干燥环境，喜光，也稍耐阴，亦较耐寒，不耐涝。耐土壤干燥瘠薄，但以疏松肥沃、排水良好的沙质壤土为宜。

繁殖栽培：播种、扦插等法繁殖。忌湿热和水涝环境，栽培宜选择排水良好干燥坡地，移植以早春为宜，大苗需带土球。

园林应用：叶小而稠密，花密集枝头，秋季叶色红亮，果实累累，最适宜植于假山岩石、林缘斜坡、墙垣角落，十分自然得体。

● 平枝栒子 叶

贴梗海棠

Chaenomeles speciosa 蔷薇科木瓜属

● 贴梗海棠 叶

别名：皱皮木瓜、铁角海棠

形态特征：落叶灌木，高达2 m。枝干丛生，有刺。叶椭圆形至长卵形，缘有尖锐锯齿，托叶膨大呈肾形至半圆形，缘有尖锐重锯齿。花3～5朵簇生于2年生枝上，先花后叶或与叶同放，朱红色或粉红色，稀白色。梨果卵形或球形，黄色而有香气，几无梗。花期3—4月，果期10月。

分布习性：原产于我国西南及长江流域各地，华北、西南、华南及长江流域地区均可栽培。喜温暖、湿润气候，喜光，稍耐阴，较耐寒，不耐水淹。不择土壤，但以肥沃深厚、排水良好的土壤为宜。

繁殖栽培：扦插、分株、压条、嫁接繁殖。移植可在落叶后或早春萌芽前进行。

园林应用：春季叶前开花，花色姣妍，秋季果实硕大，颇为诱人。最适宜配置于古典园林、庭院或丛植于草坪、林缘、池畔等处。

● 贴梗海棠品种

日本贴梗海棠

Chaenomeles japonica 蔷薇科木瓜属

别名： 倭海棠、日本木瓜

形态特征： 落叶矮灌木，高不及1 m。枝条开展，有刺，小枝粗糙，有疣状突起。叶倒卵形至匙形，背面无毛，叶缘锯齿圆钝。花3～5朵簇生，橘红色。果近球形，径3～4 cm，熟时黄色。花期4—5月，果期9—10月。

分布习性： 原产于日本，我国华北、长江流域及华南各地广泛栽培。喜温暖、湿润气候，喜光，稍耐阴，较耐寒，不耐水淹。不择土壤，但以肥沃深厚、排水良好的土壤为宜。

● 日本贴梗海棠 花

繁殖栽培： 扦插、分株、压条、嫁接繁殖。移植可在落叶后或早春萌芽前进行。

园林应用： 花色红艳，果实芳香诱人，宜丛植、片植于庭园、草坪、林缘、池畔等处，亦可作花篱刺篱应用。

● 日本贴梗海棠 果实

紫荆

Cercis chinensis 豆科紫荆属

● 白花紫荆

别名：满条红

形态特征：落叶灌木，高达3 m。树皮暗褐色，老时纵裂。单叶互生，全缘、近圆形，叶脉掌状，顶端急尖，基部心形，长6～14 cm，宽5～14 cm，两面无毛。花先于叶开放，4～10朵簇生于老枝上，花玫瑰红色。荚果狭披针形，扁平，沿腹缝线有狭翅不开裂。花期4—5月，果10月成熟。同属常见白花紫荆（f.*alba*）开白花。

分布习性：原产于我国华中、华北、西南、华东等地，华北、西南、华南以及长江流域地区广泛栽培。喜温暖湿润气候，喜光，较耐寒，不耐水湿。萌蘖力强，耐修剪。喜疏松肥沃、排水良好的微酸性沙质壤土。

繁殖栽培：播种、扦插、分株、压条等法繁殖。

园林应用：先花后叶，开花时满树红花，娇艳可爱。宜丛植于小庭院、公园、建筑物前及草坪边缘，亦可植于常绿树背景前，或点缀于假山、岩石、亭畔。

● 紫荆

● 紫荆 果实

● 白花紫荆

一品红

Euphorbia pulcherrima　大戟科大戟属

别名：象牙红、老来娇、圣诞红、猩猩木

形态特征：常绿亚灌木，高50～300 cm。茎叶含白色乳汁，光滑，嫩枝绿色，老枝深褐色。单叶互生，卵状椭圆形，全缘或波状浅裂，有时呈提琴形。顶端靠近花序之叶片呈苞片状，开花时红色。杯状花序聚伞状排列，顶生。总苞淡绿色，边缘有齿及1～2枚大而黄色的腺体。雄花具柄，无花被；雌花单生，位于总苞中央。花期12月至翌年2月。

分布习性：原产于墨西哥塔斯科地区，我国广东、广西和云南地区有露地栽培。喜温暖、湿润及充足的光照，不耐低温，为典型的短日照植物，忌积水。对土壤要求不严，但以微酸型的肥沃、湿润、排水良好的沙质壤土最好。

繁殖栽培：以扦插为主。用老枝、嫩枝均可扦插，但枝条过嫩则难以成活。

园林应用：花色鲜艳，花期长，正值圣诞、元旦、春节开花，盆栽布置室内环境可增加喜庆气氛，极受百姓喜爱，也适宜布置会议等公共场所。南方暖地可露地栽培，美化庭园，可作切花。

一品红 花

一品红

富贵草

Pachysandra neoglabra 黄杨科板凳果属

● 富贵草 花

别名： 顶花板凳果

形态特征： 常绿亚灌木，株高20～40 cm。地下茎匍匐生长，地上茎直立、斜升，茎肉质，绿色。叶互生或簇生于枝条顶端，叶片棱状卵形，革质，有光泽，边缘中部以上有锯齿，上面深绿色，下面浅绿色。单性花，雌雄同株，穗状花序顶生，花小，白色。花期4—5月，果期9—10月。

分布习性： 我国甘肃、陕西及长江流域地区有分布，日本也有。生于林下阴湿地。耐寒，耐旱，耐盐碱，极耐阴。庇荫处，叶片翠绿，生长健壮，强光下叶色变黄，长势减弱。

繁殖栽培： 扦插繁殖，整个生长季节均可进行。

园林应用： 耐阴湿观叶地被植物，适合种植于林下或背阴面阴湿处。北方地区可盆栽观赏。

● 富贵草

龟甲冬青

Ilex crenata 'Convexa' 冬青科冬青属

别名：豆瓣冬青

形态特征：常绿小灌木，株高50～60 cm。叶互生，叶片椭圆形，革质，有光泽，新叶嫩绿色，老叶墨绿色，叶表面凸起呈龟甲状。花白色。果球形。花期5—6月，果期8—10月。

分布习性：我国华东、华南等地有分布，日本也有分布。现长三角地区大量栽培。喜温暖、湿润、阳光充足的环境，耐半阴。在疏松肥沃的土壤中生长良好，忌积水和碱性土壤。

繁殖栽培：扦插繁殖。

园林应用：可单株修剪成球形，或群植于林缘或草坪上，也可作绿篱。北方地区可盆栽、可室内观赏。

• 龟甲冬青 花

• 龟甲冬青 果实

• 龟甲冬青

大叶黄杨

Euonymus japonicus 卫矛科卫矛属

● 大叶黄杨 花

别名：冬青卫矛、正木、扶芳树、四季青、七里香、日本卫矛

形态特征：常绿灌木或小乔木，小枝略为四棱形，枝叶密生，树冠球形。单叶对生，倒卵形或椭圆形，边缘具钝齿，表面深绿色，有光泽。聚伞花序腋生，具长梗，花绿白色。蒴果球形，淡红色，假种皮橘红色。花期6—7月，果期9—10月。

分布习性：产于我国中部及北部各地，栽培甚普遍，日本亦有分布。喜光，较耐阴，喜温暖、湿润气候亦较耐寒。要求肥沃、疏松的土壤，极耐修剪整形，是良好的绿篱材料，且对二氧化硫抗性较强。

繁殖栽培：用插条或扦插繁殖。以梅雨季节扦插生根快。宜选择半木质化成熟枝条。

园林应用：叶色光亮，嫩叶鲜绿，极耐修剪，对二氧化硫抗性较强，为庭院中常见绿篱树种。可经整形环植门旁道边，或作花坛中心栽植。庭院可用以装饰为绿门、绿垣，亦可盆植观赏。

● 大叶黄杨 球

木芙蓉

Hibiscus mutabilis 锦葵科木槿属

● 木芙蓉 花

别名：芙蓉花、醉芙蓉

形态特征：落叶灌木或小乔木，高2～5 m。枝干密被星状毛。单叶互生，叶大，广卵形，3～5(7)裂，裂片三角形，基部心形，边缘具钝锯齿，两面均有黄褐色绒毛。花大，单生于枝端叶腋，花形有单瓣、重瓣或半重瓣，花色清晨初开淡红色，傍晚变深红色。蒴果扁球形，被黄色刚毛及绒毛。花期8—10月，果期12月。

分布习性：原产于中国长江流域以南地区，黄河流域以南至华南地区可栽培，以四川成都最为著名，有"蓉城"之称。喜温暖、湿润气候，喜光，不耐寒，耐水湿。萌蘖性强，耐修剪。喜湿润、肥沃、排水良好的微酸性土壤。

繁殖栽培：扦插、压条繁殖，分株、播种亦可。移植最宜早春进行，需带土球移植。

园林应用：适应性强，花大色美，娇艳动人。最适宜配植于池畔、堤岸、水际，倒映水中，相映成趣，亦可丛植于亭畔、假山、坡地等处。

● 木芙蓉

木槿

Hibiscus syriacus 锦葵科木槿属

· 木槿

· 木槿

别名：朝开暮落花、朱槿、赤槿

形态特征：落叶灌木或小乔木，株高达6 m。茎多分枝，稍披散，树皮灰棕色。单叶互生，叶卵形或菱状卵形，常3裂，边缘具圆钝或尖锐锯齿。花单生枝梢叶腋，花瓣5枚，花形有单瓣、重瓣之分，花色有浅蓝紫色、粉红色或白色之别，蒴果长椭圆形。花期6—9月，果期9—11月。

分布习性：产于我国长江流域广大地区，栽培历史悠久，我国东北地区南部至华南地区均可栽培，以长江流域应用最为广泛。喜温暖、湿润气候，喜光，较耐寒，耐干旱贫瘠，不耐积水。萌蘖性强，耐修剪。喜深厚肥沃、排水良好的沙质壤土。

繁殖栽培：播种、扦插、分株、压条等法繁殖。移植可在落叶后或早春萌芽前进行。

园林应用：夏季开花，花大美丽，花色丰富，花期极长。可作花篱、绿篱或庭院分布配植，丛植于水滨、湖畔、林缘。

山茶

Camellia japonica 山茶科山茶属

别名： 海石榴、耐冬、曼陀罗

形态特征： 常绿灌木，高达9 m。树皮灰褐色。叶互生，革质，叶先端渐尖，基部楔形，叶缘有细齿，叶表有光泽。花单生或对生于枝顶或叶腋，花红色，花瓣5～7枚。花期2—4月，果秋季成熟。

现园艺栽培品种众多，各种花色均有。

分布习性： 原产于我国浙江、江西、四川及山东青岛等地，长江流域以南地区广泛栽培。喜温暖、湿润和半阴环境，怕高温和烈日暴晒，不耐干旱。以土层深厚、排水良好的沙质酸性土壤最适。

繁殖栽培： 播种、扦插、嫁接及压条繁殖。栽培以腐叶土的粗砂混合土为宜。

园林应用： 树冠多姿，叶色翠绿，花大艳丽，花期正值冬末春初。江南地区可丛植或散植于庭园、花径、假山旁、草坪及树丛边缘，也可片植于山茶专类园。北方宜盆栽，用来布置厅堂、会场。

● 山茶品种〝点雪〞

● 山茶品种〝粉宝珠〞

● 山茶品种〝白十八学士〞

日本厚皮香

Ternstroemia japonica 山茶科厚皮香属

别名：珠木树、猪血柴、水红树

形态特征：常绿灌木或小乔木，高3～8 m。枝条灰绿色，无毛。叶厚革质，倒卵形至长圆形，长3～7 cm，宽2～3 cm。顶端钝圆或短尖，基部楔形，全缘，表面绿色，背面淡绿色，中脉在表面下陷，侧脉不明显。叶柄长5～10 mm。花淡黄色，稍下垂。果实圆球形，径约1.5 cm。花期7—8月。

分布习性：产于我国长江流域地区，广东、广西、福建、台湾等地也有分布。我国长江流域以南均可栽培。喜温暖、湿润气候，不耐寒，喜光也较耐阴。在排水良好、富含腐殖质的土壤中生长最佳。萌发力弱，不耐重剪，秋冬季适当修剪细弱枝、干扰枝，保持树形即可。

繁殖栽培：播种或扦插繁殖。生长期保持土壤湿润，适当追肥，增加树势。

园林应用：适应性强，树冠浑圆，枝叶层次感强，是较优良的耐阴下木。适宜种植在林下、林缘等处，亦可丛植于庭院。

●日本厚皮香 花

●日本厚皮香 叶

●日本厚皮香

●种植于亭旁的日本厚皮香

金花茶

Camellia nitidissima 山茶科山茶属

● 金花茶　叶

别名：黄茶花

形态特征：常绿灌木或小乔木，高2.5～5 m。树皮灰白色或灰褐色，平滑。嫩枝淡紫色，无毛。叶革质，狭长圆形、倒卵状长圆形或披针形，先端尾状渐尖，基部楔形，边缘具细锯齿。花单生或2朵聚生叶腋，稍下垂，直径1.5～6 cm，金黄色。蒴果三棱或四棱状扁球形，直径4.5～6.5 cm，成熟时黄绿色或带淡紫色。花期1—2月，果期10—11月。

分布习性：原产于我国广西南部，华南、西南及东南地区可栽培。喜温暖、湿润及半阴环境，忌烈日暴晒。不耐寒，耐水湿和贫瘠。土壤以腐殖质丰富、排水良好的微酸性土壤为宜。

繁殖栽培：播种、嫁接、扦插和压条繁殖。

园林应用：花色金黄，晶莹可爱，花形多样，秀丽雅致，可配植于常绿阔叶树群下或山石处。

● 金花茶

金丝梅

Hypericum patulum 藤黄科金丝桃属

● 金丝梅 花

别名：芒种花、云南连翘

形态特征：半常绿或常绿小灌木，高达1 m。小枝红色或暗褐色。叶对生，卵形、长卵形或卵状披针形，上面绿色，下面淡粉绿色，散布稀疏油点，叶柄极短。花单生枝端或成聚伞花序，花直径4～5 cm，金黄色。蒴果卵形。花期4—7月，果期7—10月。

分布习性：分布于我国中部、东南、西南等地。为温带、亚热带树种，稍耐寒，喜光，略耐阴。性强健，忌积水。喜排水良好、湿润肥沃的沙质壤土。根系发达，萌芽力强，耐修剪。

繁殖栽培：多用分株法繁殖，播种、扦插也可。

园林应用：枝叶丰满，开花色彩鲜艳，绚丽可爱，可作花境，也可丛植或群植于草坪、树坛的边缘和墙角、路旁等处。

● 金丝梅 叶

金丝桃

Hypericum monogynum 藤黄科金丝桃属

●金丝桃 花

别名： 土连翘

形态特征： 常绿灌木，株高60～90 cm。茎上部多分枝，小枝圆柱形。叶对生，叶片长椭圆形或长圆形，纸质，全缘，无柄。聚伞花序顶生，由3～7朵组成。花黄色，花瓣5枚，雄蕊长于花瓣或略长。蒴果卵圆形。花期7—8月，果期9—10月。

分布习性： 我国中部及南部地区有分布，南北各地广泛栽培。生于溪边、山坡下杂草中。喜阳光充足、温暖、湿润的环境，耐半阴，较耐寒，不择土壤。萌芽力强，耐修剪。

繁殖栽培： 扦插或播种繁殖。扦插繁殖在整个生长季节中均可进行；播种在3—4月进行。

园林应用： 可布置花坛、花境、庭院。片植于林缘或疏林下形成复层景观结构，群植于草坪中，也可作花带或花篱。

●金丝桃

结香

Edgeworthia chrysantha 瑞香科结香属

● 结香

别名：黄瑞香、打结花、梦花、三桠皮

形态特征：落叶灌木，高达2 m。嫩枝有绢状柔毛，枝条粗壮柔软，棕红色，常呈3叉状分枝，有皮孔。叶纸质，互生，椭圆状长圆形或椭圆状披针形，常簇生枝顶，全缘。花黄色，多数，芳香，集成下垂的头状花序。核果卵形，状如蜂窝。花期3—4月，果期8月。

分布习性：原产于我国长江流域以南各地及河南、陕西和西南地区，长江流域、华南、西南地区可栽培，北方多盆栽，室内越冬。喜温暖、湿润、阳光充足的环境，耐半阴，不耐寒。根肉质，怕水涝，在肥沃的排水良好的土壤中生长良好。

繁殖栽培：分株、扦插、压条繁殖。移植可在冬季落叶后或早春萌芽前进行。

园林应用：柔枝长叶，姿态清逸，花多成簇，芳香四溢。适宜孤植、列植、丛植于庭前、道旁、墙隅、草坪中，或点缀于假山岩石旁。

● 结香 花

巴西野牡丹

Tibouchina semidecandra　野牡丹科巴西野牡丹属

● 巴西野牡丹

形态特征：常绿灌木，高约60 cm。叶椭圆形，两面具细茸毛，全缘，3～5出分脉。花顶生，花大型，5瓣，浓紫蓝色，中心的雄蕊白色且上曲。初开花呈现深紫色，后则呈现紫红色。花期5—8月。

分布习性：原产于巴西，产于低海拔山区及平地。喜高温，极不耐旱和耐寒，花期长，大都集中在夏季。

繁殖栽培：种子繁殖。

园林应用：盆栽阳台观赏或庭园花坛种植。

● 巴西野牡丹

秀丽野海棠

Bredia amoena 野牡丹科野海棠属

● 秀丽野海棠

形态特征：常绿小灌木，高约80 cm。小枝、花序、叶柄及叶片两面叶脉上均密生棕色皮屑状毛。叶对生，卵形至卵状长椭圆形，长3.5～10 cm，先端渐尖，基部圆形至浅心形，边缘稍有细锯齿，顶生圆锥花序，花淡红色。蒴果近球形。花期7—9月，果期9—10月。

分布习性：分布于浙江、福建、安徽、广西等地。生于山坡路边、林下或灌木丛中与山坡、沟边草丛中。喜半阴、温暖、湿润的环境。耐贫瘠，在沙质酸性土中生长极佳。

繁殖栽培：扦插繁殖。春夏季节采用嫩枝扦插，30天左右可生根。

园林应用：耐阴观花地被植物，宜片植于林下、草坪中、林缘、路边等处。

● 秀丽野海棠

八角金盘

Fatsia japonica 五加科八角金盘属

● 八角金盘 果实

形态特征： 常绿灌木，高达5 m。茎常成丛生状。叶片大，掌状7～9深裂，裂片椭圆形，边缘有疏离粗锯齿，先端渐尖，基部心形。伞形花序有花多数，花黄白色，花瓣5枚，卵状三角形。果近球形。花期10—11月，果期翌年4—5月。

分布习性： 原产于日本，我国长三角地区广泛栽培。耐阴湿，忌阳光直晒。对SO_2有较强的抗性。

繁殖栽培： 播种或扦插繁殖。果熟后即采即播。扦插在2—3月或梅雨季节进行。

园林应用： 耐阴湿观叶地被植物。宜布置于庭院、墙隅、建筑物背阴处或溪流边。群植于草坪边缘及林地下，也可在厂矿区种植。北方地区可盆栽供室内观赏。

● 八角金盘

洒金东瀛珊瑚

Aucuba japonica 'Variegata'　山茱萸科桃叶珊瑚属

● 洒金东瀛珊瑚

形态特征：常绿灌木，高达3 m。小枝绿色，光滑无毛。叶对生，叶片卵状椭圆形或长椭圆形，叶深绿色，具光泽，革质，叶面布满黄色斑点，叶缘疏生变宽锯齿。雌雄异株，圆锥花序顶生，雌花序长约3 cm，雄花序长约10 cm，花暗紫红色。核果肉质，成熟时鲜红色。秋季开花。

分布习性：原产于中国台湾和日本，我国长江以南各地有露地栽培。喜温暖、湿润的环境。稍耐寒，耐旱，极耐阴，忌强光直射，对大气污染有较强的抗性。在排水良好、富含腐殖质的土壤中生长极佳。

繁殖栽培：扦插繁殖。在春季新芽萌发前或夏季新梢木质后进行，极易成活。

园林应用：耐阴湿观叶地被植物。布置于庭院、墙隅、建筑物背阴处。群植于林下，也可用于厂区绿化。北方地区可盆栽供室内观赏。

● 洒金东瀛珊瑚　花

红瑞木

Swida alba 山茱萸科梾木属

● 红瑞木 果

别名：红梗木、凉子木

形态特征：落叶灌木，高达3 m。老干暗红色，枝丫血红色。无毛，常被白粉。单叶全缘对生，椭圆形，长4～9 cm。聚伞花序顶生，花小，白色至黄白色。核果乳白色或略带蓝白色。花期5—7月，果期8—10月。

分布习性：原产于我国东北、华北、西北等地，东北、华北、西北以及长江流域地区可栽培。喜温凉、湿润气候，喜光，耐半阴，耐寒性强，耐水湿，亦耐干旱贫瘠。喜深厚肥沃、略带湿润土壤为宜。

繁殖栽培：播种、扦插、分株、压条繁殖。

园林应用：秋叶鲜红，秋果洁白，冬季落叶后枝干红艳，衬以白雪，分外美观，是难得的观茎植物。最适宜丛植于庭园草坪、河畔堤岸处，或与常绿乔木间植，红绿相映成趣。

同属常见栽培尚有：

花叶红瑞木 *Swida alba* 'Variegata'：

叶边缘有黄白色斑，现杭州、上海等地有引种栽培。

● 红瑞木

● 红瑞木 花

● 花叶红瑞木

夏鹃

Rhododendron indicum　杜鹃花科杜鹃花属

● 夏鹃 花

别名：紫鹃、西洋鹃、皋月杜鹃

形态特征：常绿灌木，株高约1 m。株形丰满，分枝稠密，枝叶纤细。叶狭小，排列紧密。花宽漏斗形，花色丰富多变。花期5—6月。

分布习性：原产于印度和日本，现我国各地有广泛栽培。喜冷凉，耐半阴，在排水良好、湿润、富含腐殖质的酸性土壤中生长良好。

繁殖栽培：播种或扦插繁殖。

园林应用：花繁叶茂，绮丽多姿，萌发力强，耐修剪。宜在草坪、林缘、溪边、池畔及岩石旁成丛、成片栽植。

● 夏鹃

杂种杜鹃

Rhododendron hybridum　杜鹃花科杜鹃花属

别名：西洋杜鹃

形态特征：半常绿灌木，高可达3 m。分枝多，叶纸质，卵形或椭圆形，长3~5 cm，先端尖，基部楔形。花大而艳丽，花色繁多，花瓣变化大。花期3—5月，果期10月。

分布习性：原产于我国长江流域以南各地区，长江流域及华南、西南地区均可栽培。喜温暖、湿润及半阴的环境，稍耐寒，不耐干旱，栽培以湿润、肥沃、排水良好的酸性土壤为宜。

繁殖栽培：扦插、压条、播种繁殖。移植可在冬季或梅雨季节进行。

园林应用：布置专类园，春季繁花开放，漫山遍野，极为壮观。适宜片植林下作耐阴下木，或点缀自然风景区。

● 杂种杜鹃

● 杂种杜鹃

● 杂种杜鹃

● 杂种杜鹃

杜茎山

Maesa japonica 紫金牛科杜茎山属

形态特征：常绿灌木，小枝有细条纹，高1～3 m。叶革质，椭圆状披针形。总状花序生于叶腋，单生或2～3朵聚集。花冠筒状，有腺条纹裂片约为花冠筒长的1/3。果球形。花期3—4月，果期10月。

分布习性：我国长江以南各地有分布，日本、印度等地也有分布。生于林缘、沟谷旁、路旁灌丛中、常绿阔叶林或混合林下阴湿处。

繁殖栽培：播种或扦插繁殖。

园林应用：林下耐阴湿观叶地被植物。

● 杜茎山 花

● 杜茎山 果实

● 杜茎山

紫金牛

Ardisia japonica 紫金牛科紫金牛属

别名：老勿大、矮地茶

形态特征：常绿小灌木，株高15～30 cm。根状茎匍匐，地下茎直立，不分枝。叶聚生于茎梢，叶片椭圆形，边缘有尖锯齿，上面亮绿色，下面淡绿色。伞形花序，3～6朵簇生于顶端叶腋或茎梢。花小，花冠白色或粉红色具腺点。核果球形，成熟时红色，经久不落。花期4—5月，果期6—11月。

● 紫金牛 花

分布习性：我国长江以南各地有分布，日本也有。生长于林下溪谷等阴湿处。极耐阴，耐湿，忌阳光直晒。

繁殖栽培：分株或播种繁殖。春秋季切分匍匐茎，栽后浇水，约20天成活。种子自然萌发较低。播种前用浓硫酸将种子处理10 min，可明显提高发芽率。

园林应用：耐阴湿观叶观果地被植物，可用于林下或建筑物背阴处绿化。成片种植时，由于生长势比较衰弱，冬季稍有冻害发生，圃地种植一般不易发生。

● 紫金牛 果实

金钟花

Forsythia viridissima 木樨科连翘属

形态特征：落叶灌木，株高1～3 m。枝直立，小枝绿色，近四棱形，具片状髓。单叶对生椭圆形至披针形，先端尖锐，基部楔形，上部有锯齿。花1～3朵腋生，先叶开放。花冠金黄色，裂片4枚，狭长圆形，反卷。花期3—4月。

分布习性：原产于中国和朝鲜，我国长江流域地区栽培较多。生于山地、林缘、溪边或路旁灌丛中。喜光，耐半阴湿。耐热，耐寒，耐旱，较耐水湿。喜温暖、湿润环境，对土壤要求不严。

繁殖栽培：扦插、分株或播种繁殖，但以扦插为主。梅雨季嫩枝扦插，秋后移栽。

园林应用：早春先叶开放，串串钟形的花朵挂满枝头，金黄耀眼。片植于草坪、墙隅、路边、水沟，也可作花篱。种植时可与其他花卉或灌木搭配。

● 金钟花 花

● 金钟花 叶

● 金钟花

迎春

Jasminum nudiflorum 木樨科素馨属

●迎春 花

别名：金腰带、金梅、小黄花

形态特征：落叶灌木，高达2～3 m。小枝细长拱形，绿色，4棱。三出复叶对生，小叶卵状椭圆形，长1～3 cm。花先叶开放，黄色，单生，花冠通常6裂。花期3—5月。

分布习性：原产于我国华北、西北及西南地区，华北、西北、西南及长江流域地区可栽培。喜温暖、湿润气候，喜光，稍耐阴，较耐寒，耐旱，怕涝。对土壤要求不严，但以肥沃、湿润的沙质壤土为佳。

繁殖栽培：扦插、压条、分株等法繁殖。移植宜在冬季落叶后进行，需多带宿土。

园林应用：早春黄花朵朵，先叶开放，金色绚丽，引人入胜。可配植于池畔、林缘、斜坡，或植于假山岩石高处，花时金色蔓条悬挂而下，颇具野趣。

●迎春 叶

●迎春

臭牡丹

Clerodendrum bungei 马鞭草科大青属

● 臭牡丹 新叶

形态特征：落叶灌木，株高约1.5 m。嫩枝稍有柔毛。叶宽卵形或卵形，顶端渐尖，基部心形，边缘有锯齿。聚伞花序顶生，直径约20 cm。花萼裂片三角形。花冠淡红色或紫红色。核果倒卵形或球形，成熟后蓝紫色。花期6—7月，果期9—11月。

分布习性：除我国东北外，全国各地均有分布，越南、马来西亚和印度北部也有。生于山坡、林缘或溪沟边。极耐阴湿，忌阳光直晒。不择土壤。

繁殖栽培：分株繁殖。适当遮光，保持土壤湿润，全光照下种植叶片发黄，生长不良。

园林应用：耐阴湿观花地被植物。可布置花境、庭院，片植于路边、林缘、林下或建筑物阴面。

同属可开发利用的有：

尖齿臭茉莉 *Clerodendrum lindleyi*：

花萼裂片披针形至线状披针形，长4～7 mm，而臭牡丹花萼裂片三角形或狭三角形，长1～3 mm，容易区别。栽培应用同臭牡丹。

● 臭牡丹

● 尖齿臭茉莉

● 臭牡丹（左）　尖齿臭茉莉（右）

大青

Clerodendron cyrtophyllum 马鞭草科大青属

别名：路边青、马鞭大青

形态特征：落叶灌木，高1～10 m。叶对生，长椭圆形至卵状椭圆形，长6～17 cm，宽3～7 cm。伞房状聚伞花序，顶生或腋生，白色。果成熟时紫色。花果期7-12月。

分布习性：分布于我国长江以南各地区，朝鲜、马来西亚也有分布。生于低山、丘陵、平原的坡地、灌丛中。喜温暖、湿润生境及阳光和肥沃的土壤。

繁殖栽培：种子繁殖。

园林应用：花序硕大，果实红紫色，良好的观果观叶植物。可配植于林缘、草坪等处。

● 大青 叶

● 大青 花

宁夏枸杞

Lycium barbarum 茄科枸杞属

● 宁夏枸杞 果实

别名： 西枸杞、中宁枸杞

形态特征： 落叶大灌木，高2～4 m。分枝细密，外皮灰白色。叶在长枝下半部常2～3片簇生，形大，在短枝或长枝顶端上为互生，形小。叶披针形或长椭圆状披针形，长2～6 cm，宽0.5～2 cm，先端渐尖，基部楔形而略下延，全缘，披蜡质。花冠漏斗状，紫红色。单生或2朵生于长枝上部叶腋。浆果倒卵形，橘红色。花期5—10月，果期6—10月。

分布习性： 产于我国西北地区，以宁夏最为著名，西北、华北及长江流域地区广泛栽培。喜冷凉湿润气候，喜光，耐寒，耐干旱，怕涝，耐盐碱，喜肥。栽培以湿润、肥沃、排水良好的沙质壤土为宜。

繁殖栽培： 扦插、播种法繁殖。移栽可在春季进行，小苗多带宿土，大苗需带土球。

园林应用： 可庭院栽培观赏，亦是沙地造林树种。宁夏枸杞果实入药，滋补强身。

● 宁夏枸杞 花

六月雪

Serissa japonica 茜草科六月雪属

形态特征： 常绿小灌木，株高50～70 cm。小枝灰白色，幼枝被柔毛。叶椭圆形，全缘，叶脉两面凸起，叶柄极短。花单生或数朵簇生，无梗。花冠白色。果小。花期5—6月，果期7—8月。

分布习性： 我国长江以南各地有分布。生于山坡谷地、溪边路旁或林下。喜光，耐半阴，耐旱。在疏松、肥沃的微酸性土壤中生长。

繁殖栽培： 扦插繁殖。夏季高温时节适当遮阴。

园林应用： 可布置庭院、花境，或作绿篱栽种，也常作林下、林缘的耐阴湿地被植物。

● 六月雪 花

● 六月雪 花

● 六月雪

水栀子

Gardenia jasminoides var. *radicans* 茜草科栀子属

● 水栀子 花

形态特征：常绿矮灌木，株高30～60 cm。多分枝。叶倒披针形，绿色，叶面有光泽。花单生于小枝顶端，花冠白色，高脚蝶状，裂片倒卵形或倒卵状椭圆形。果橙黄色至橙红色，卵状，有5～8条纵棱。花期5—7月，果期8—11月。

分布习性：我国东部、中部和南部及台湾地区有分布，日本、越南也有。生长于山坡谷地、溪边、路旁灌丛中。喜温暖、湿润气候，耐半阴，忌阳光直射。抗烟尘、抗二氧化硫能力强。宜生长在疏松、肥沃、排水良好的轻黏性酸性土壤中。

繁殖栽培：扦插繁殖。适当遮光，防止土壤干燥。增强施硫酸亚铁，以防缺铁引起黄化病。

园林应用：可布置花境、庭院，片植于林下、林缘作耐阴湿地被植物。可点缀岩石园，也可应用于厂矿区绿化。北方地区可室内盆栽观赏。

● 水栀子

迎春

Jasminum nudiflorum 木樨科素馨属

●迎春 花

别名：金腰带、金梅、小黄花

形态特征：落叶灌木，高达2～3 m。小枝细长拱形，绿色，4棱。三出复叶对生，小叶卵状椭圆形，长1～3 cm。花先叶开放，黄色，单生，花冠通常6裂。花期3—5月。

分布习性：原产于我国华北、西北及西南地区，华北、西北、西南及长江流域地区可栽培。喜温暖、湿润气候，喜光，稍耐阴，较耐寒，耐旱，怕涝。对土壤要求不严，但以肥沃、湿润的沙质壤土为佳。

繁殖栽培：扦插、压条、分株等法繁殖。移植宜在冬季落叶后进行，需多带宿土。

园林应用：早春黄花朵朵，先叶开放，金色绚丽，引人入胜。可配植于池畔、林缘、斜坡，或植于假山岩石高处，花时金色蔓条悬挂而下，颇具野趣。

●迎春 叶

●迎春

臭牡丹

Clerodendrum bungei 马鞭草科大青属

● 臭牡丹 新叶

形态特征：落叶灌木，株高约1.5 m。嫩枝稍有柔毛。叶宽卵形或卵形，顶端渐尖，基部心形，边缘有锯齿。聚伞花序顶生，直径约20 cm。花萼裂片三角形。花冠淡红色或紫红色。核果倒卵形或球形，成熟后蓝紫色。花期6—7月，果期9—11月。

分布习性：除我国东北外，全国各地均有分布，越南、马来西亚和印度北部也有。生于山坡、林缘或溪沟边。极耐阴湿，忌阳光直晒。不择土壤。

繁殖栽培：分株繁殖。适当遮光，保持土壤湿润，全光照下种植叶片发黄，生长不良。

园林应用：耐阴湿观花地被植物。可布置花境、庭院，片植于路边、林缘、林下或建筑物阴面。

同属可开发利用的有：

尖齿臭茉莉 *Clerodendrum lindleyi*：

花萼裂片披针形至线状披针形，长4～7 mm，而臭牡丹花萼裂片三角形或狭三角形，长1～3 mm，容易区别。栽培应用同臭牡丹。

● 臭牡丹

● 尖齿臭茉莉

● 臭牡丹（左） 尖齿臭茉莉（右）

金叶大花六道木

Abelia grandiflora 'Francis Mason' 忍冬科六道木属

● 金叶大花六道木　花

形态特征：常绿灌木，高达2 m。幼枝红褐色，有短柔毛。叶卵形至卵状椭圆形，长2~4 cm，缘有疏锯齿，表面暗绿而有光泽，叶边缘黄色，中间绿色。叶色随季节变化，春季金黄色，中间略带绿色，秋季霜后偏橙黄色。顶生圆锥状聚伞花序。花冠白色或略带红晕。花萼合生，粉红色。花期6—11月。

分布习性：引自法国的色叶灌木，近年来杭州、上海等地实地栽培，表现优异，已广泛应用。喜阳光充足、温暖、湿润的气候，稍耐阴。耐寒，亦耐热，耐旱，较耐修剪。栽培以疏松、肥沃、排水良好的土壤为宜。

繁殖栽培：扦插、分株、压条繁殖。

园林应用：花开枝端，色粉白且繁多，花期极长，可达半年，花谢后，粉红色萼片宿存直至冬季，十分美丽。可丛植于草坪、路畔、林缘等处，亦可基础种植或作花篱。

● 金叶大花六道木　叶

海仙花

Weigela coraeensis 忍冬科锦带花属

● 海仙花

别名： 五色海棠

形态特征： 落叶灌木，高达5 m。小枝粗壮，无毛或近有毛。叶对生，宽椭圆形或倒卵形，叶表面深绿，背面淡绿，脉间稍有毛。花数朵组成腋生聚伞花序。花冠漏斗状钟形，初开时黄白色或淡玫瑰红色，后变为深红色。花萼线形，裂至基部。蒴果柱形。花期5—6月，果期7—9月。

分布习性： 原产于我国山东、浙江、江苏、江西等地，长江流域、华南、华北等地区可栽培。喜温暖、湿润气候，喜光，稍耐阴，耐寒，怕涝。发根力和萌蘖力强。栽培以深厚肥沃、排水良好的沙质壤土为佳。

栽培要点： 播种、扦插、分株、压条等法繁殖。冬季或早春适度修剪老弱枯枝，调整株型。

园林应用： 枝条开展，花色丰富，适于庭院、湖畔丛植，也可在林缘作花篱、花丛配植。点缀于假山、坡地，景观效果也颇佳。

● 海仙花

锦带花

Weigela florida　忍冬科锦带花属

别名：五色海棠

形态特征：落叶灌木，高可达5 m。幼枝有柔毛。叶对生，具短柄，椭圆形或卵状椭圆形，边缘有锯齿。花1～4朵组成聚伞花序，生于小枝顶端或叶腋。花冠漏斗状钟形，玫瑰红色，里面较淡。花萼5裂，下半部合生。蒴果柱状，种子细小。花期5—6月，果期10月。

分布习性：原产于我国东北、华北等地，华北、东北及长江流域等地区可栽培。喜凉爽湿润、阳光充足的环境，耐半阴，较耐寒，耐干旱。栽培以深厚肥沃、排水良好的沙质壤土为佳。

繁殖栽培：播种、扦插、分株、压条等法繁殖。移植可在落叶后或早春萌芽前进行。

园林应用：株形优雅，花大色艳，常植于庭园角隅、公园湖畔，或在林缘、树丛边植作自然式花篱、花丛，亦可点缀在假山岩石旁等处。

同属常见栽培尚有：

①红王子锦带 *Weigela florida* 'Red Prince'：

花鲜红色，繁密而下垂。杭州、上海广泛栽培。

②花叶矮锦带 *Weigela florida* 'Variegata'：

叶边缘淡黄白色，花粉红色。杭州、上海广泛栽培。

花叶矮锦带

红王子锦带花

木本绣球

Viburnum macrocephalum 忍冬科荚蒾属

●木本绣球 花

●木本绣球 初花

别名：木绣球、斗球

形态特征：落叶或半常绿灌木，高达4 m。枝广展，树冠半球形。芽、幼枝、叶柄均被灰白色或黄白色星状毛。冬芽裸露。单叶对生，卵形或椭圆形，叶端钝，基部圆形，缘有细锯齿，下面疏生星状毛。花序几乎全为大型白色不育花，形如绣球，径15～20 cm，不结实。花期5—7月。

分布习性：原产于我国长江流域、华北南部等地，华北南部、长江流域及华南等地可栽培。喜温暖、湿润、阳光充足的气候，喜光，稍耐阴，耐寒不强，不耐干旱。喜湿润、肥沃、排水良好的沙质壤土。

繁殖栽培：压条、扦插、嫁接繁殖。

园林应用：树姿舒展，开花时白花满树，犹如积雪压枝，十分美观。宜配植在堂前屋后、假山岩石、墙下窗外，也可丛植于路旁林缘等处。

●木本绣球

欧洲荚蒾

Viburnum opulus 忍冬科荚蒾属

● 欧洲荚蒾 花

别名： 欧洲琼花、欧洲绣球

形态特征： 落叶灌木，高达4 m。树皮薄，枝浅灰色，光滑。单叶对生，叶近圆形，3裂，有时5裂，裂片有不规则粗齿，背面有毛，叶柄近端处有2～3个盘状大腺体。聚伞花序，多少扁平，有大型白色不孕边花。花药黄色。果近球形，红色。花期5—6月，果期8—9月。

分布习性： 原产于欧洲、北非及亚洲北部，我国华北、西北、西南等地区可栽培。喜温暖、湿润、阳光充足的气候，喜光，稍耐阴，耐寒。喜湿润、肥沃、排水良好的土壤。

繁殖栽培： 扦插、压条、嫁接繁殖。幼苗移植宜早春萌芽前，小苗多带宿土，大苗需带土球。

园林应用： 花果美丽，秋季叶色红艳，宜配植在草坪绿地、假山岩石、路旁林缘等处。

● 欧洲荚蒾

枇杷叶荚蒾

Viburnum rhytidophyllum 忍冬科荚蒾属

别名：皱叶荚蒾、山枇杷

形态特征：常绿灌木，高达4 m。幼枝、叶背、花序密被星状毛，老枝黑褐色，冬芽无鳞片。单叶对生，叶厚革质，卵状长圆形，长7～20 cm。顶端尖或略钝，基部圆形或近心形，全缘或有小齿。上面亮黑绿色，脉下陷而呈极度皱纹状，侧脉不达齿端。复伞花序，直径约20 cm，花冠白色。核果卵形，先红后黑。花期5—6月，果期9—10月。

分布习性：分布于我国陕西、湖北、四川、贵州地区，长江流域、华南、西南等地区可栽培。喜温暖、湿润的气候，较耐阴，不耐涝。喜深厚肥沃、排水良好的沙质壤土。

繁殖栽培：播种、扦插、压条、分株等法繁殖。幼苗移植宜在早春或梅雨季节。

园林应用：树姿优美，叶色常绿，秋季红果累累，观花观果佳木。适宜配植于屋旁、墙隅、假山岩石边、园路岔口等处，亦可在林缘、树下种植作耐阴下木。

● 枇杷叶荚蒾 果实

● 枇杷叶荚蒾

● 枇杷叶荚蒾 花

琼花

Viburnum macrocephalum var. *macrocephalum* f.*keteleeri* 忍冬科荚蒾属

别名：聚八仙、琼花荚蒾

形态特征：落叶或半常绿灌木，高达4 m。枝广展，树冠半球形。芽、幼枝、叶柄均被灰白色或黄白色星状毛，冬芽裸露。单叶对生，卵形或椭圆形，端钝，基部圆形，缘有细锯齿，下面疏生星状毛。聚伞花序集成伞房状，花序中间为两性可育花，边缘常具8~9朵大型不育花。核果椭球形，先红后黑。花期4—5月，果期9—10月。

● 琼花

分布习性：产于我国长江中下游地区，华北南部、长江流域及华南等地可栽培。喜温暖、湿润、阳光充足气候，喜光，稍耐阴，较耐寒，不耐干旱和积水。喜湿润、肥沃、排水良好的沙质壤土。

繁殖栽培：播种、压条、扦插、嫁接繁殖。幼苗移植宜在早春萌芽前。

园林应用：树姿优美，花形奇特，宛若群蝶起舞，逗人喜爱，秋季累累圆果，红艳夺目，为传统名贵花木。适宜配植于堂前、亭际、墙下和窗外等处。

● 琼花 果实

匍枝亮叶忍冬

Lonicera nitida 'Maigrun' 忍冬科忍冬属

● 匍枝亮叶忍冬 叶

● 匍枝亮叶忍冬

形态特征：常绿灌木，株高可达 2~3 m。枝叶十分密集，小枝细长，横展生长。叶对生，细小，卵形至卵状椭圆形，长1.5~1.8 cm，宽0.5~0.7 cm，革质，全缘，上面亮绿色，下面淡绿色。花腋生，并列着生两朵花，花冠管状，淡黄色，具清香，浆果蓝紫色。

分布习性：园艺品种，由国外培育。主要特点是四季常青，叶色亮绿，生长旺盛，萌芽力强，分枝茂密，极耐修剪；抗寒性强，能耐－20 ℃低温，也耐高温；对光照不敏感，在全光照下生长良好，也能耐阴；对土壤要求不严，在酸性、中性及轻盐碱土中均能适应。

繁殖栽培：扦插或播种繁殖。

园林应用：为林下耐阴匍匐地佼佼者，在长三角流域广泛应用。

同属常见栽培应用的有：

金叶亮叶忍冬 *Lonicera nitida* 'Baggesens Gold'：

叶金黄色，喜光照。其余同匍枝亮叶忍冬。

金叶亮叶忍冬 叶

金叶亮叶忍冬

金银木

Lonicera maackii 忍冬科忍冬属

别名：金银忍冬

形态特征：落叶灌木，高可达6 m。小枝髓黑褐色，后变中空，嫩枝有柔毛。单叶对生，卵状椭圆形，长4～12 cm，先端渐尖，全缘，两面疏生柔毛。花成对腋生，花冠白色，后变黄色，淡香。浆果球形，合生，径5～6 mm，红色。花期5—6月，果期9月。

分布习性：产于我国华北、东北、陕、甘、宁南、青东、川、鄂西、皖大别山区，华北、西北、西南及东北地区可栽培。喜温凉、湿润、阳光充足的气候，较耐阴，抗寒性强，能耐−40 ℃低温，耐旱。适应性强，不择土壤，但以深厚肥沃、排水良好的土壤为宜。

繁殖栽培：播种、扦插、压条繁殖。

园林应用：株形紧凑，枝叶丰满，春夏枝头花色黄白相映，芳香袭人；深秋枝条上红果密集，晶莹可爱，又因耐阴性强，是难得的耐阴性观花观果树种。可作为疏林的下木或建筑阴面场地的绿化材料。

● 金银木 花

● 金银木 果实

● 金银木

猬实

Kolkwitzia amabilis 忍冬科猬实属

● 猬实 花

形态特征：落叶灌木，高达3 m。幼枝被柔毛，老枝皮剥落。单叶对生，卵形至卵状椭圆形，长3～7 cm，基部圆形，先端渐尖，叶缘疏生浅齿或近全缘，两面有毛。顶生伞房状聚伞花序，每一聚伞花序有2花，粉红色，喉部黄色。瘦果状，核果卵形，密生针刺，形如刺猬，故名。花期5—6月，果期8—10月。

分布习性：原产于我国的长江流域、西南、西北等地，长江流域、西南、华北等地可栽培。喜温和凉爽、阳光充足的气候，抗寒性强，能耐−15 ℃低温，耐半阴，耐干旱。栽培以深厚肥沃、排水良好的土壤为佳，但亦耐干旱贫瘠土壤。

繁殖栽培：播种、扦插、分株、压条繁殖。苗木移栽可从秋季落叶后到次年早春萌芽前进行。

园林应用：花繁色艳，开花期正值初夏少花季节，夏秋全树挂满形如刺猬的小果，甚为别致。在园林中可点缀草坪、角隅、山石旁，亦可列植丛植于园路、亭廊附近。

● 猬实 果实

糯米条

Abelia chinensis 忍冬科六道木属

● 糯米条 花

别名： 茶条树

形态特征： 落叶灌木，株高约2 m。幼枝红褐色，老干树皮撕裂状。叶对生，卵形或卵状椭圆形，边缘具疏浅齿，叶背中脉基部密被柔毛。聚伞花序顶生或腋生，花冠漏斗状，粉红色或白色，具芳香。萼片5片，粉红色。花期7—8月，果期10月。

分布习性： 产于我国长江流域各地山区，华北地区露地栽培，枝梢略有冻害，长江流域广泛栽培。喜阳光充足和凉爽湿润的气候。较耐寒，怕阳光暴晒，较耐阴。生长旺盛，萌芽力强，耐修剪。耐干旱贫瘠，对土壤条件要求不严，但以疏松肥沃、排水良好的沙质壤土为宜。

繁殖栽培： 播种、扦插及压条繁殖。

园林应用： 可点缀草坪、角隅、山石旁，亦可列植丛植于园路、亭廊附近。

● 糯米条

●糯米条

亚菊

Ajania pacifica　菊科亚菊属

形态特征：常绿亚灌木，株高40～50 cm。丛生，株形整齐紧凑。叶绿色，边缘银白色，下面密被白毛。花期10—11月。

分布习性：我国黑龙江东南部有分布，俄罗斯及朝鲜也有。生于山坡、灌木丛中。喜光，耐旱，耐寒，不择土壤。不耐阴，不耐高温、高湿。植株在夏季高温时易成丛枯死；不宜在林下或林缘种植，雨滴将使叶片易得灰霉病，严重时成片枯死。

繁殖栽培：分株或扦插繁殖。扦插宜秋季进行。分株宜早春或秋季进行，每3年分栽1次。

园林应用：观花观叶喜光地被植物。可布置花坛、花境或岩石园，也可在草坪中成片种植。

● 亚菊 花

● 亚菊 叶

凤尾兰

Yucca glariosa 百合科丝兰属

● 凤尾兰

别名： 凤尾丝兰

形态特征： 常绿灌木，株高50～150 cm。茎明显，上有近环状的叶痕。叶剑形，近莲座状排列于顶部，先端尖，无明显中脉。花葶从叶中抽出，有多数苞片。花形大，白色至黄色，近钟形，下垂。花期9—11月。

分布习性： 原产于北美东北和东南部，我国长江以南各地普遍栽培。喜光，稍耐阴，耐旱，耐湿。不择土壤，耐酸碱，也耐瘠薄。

繁殖栽培： 扦插或分株繁殖。

园林应用： 片植于草坪中、路旁、林下、假山旁、建筑物周围，丛植于湖畔；带状种植于花架旁；也可作为防护绿篱。

● 凤尾兰

● 凤尾兰 花

一、二年生花卉

一、二年生花卉（Annual or Biennial Flowers）是指在一个或两个生长周期内完成其生活史的草本花卉。一年生花卉多在春季播种，夏秋季开花，如虞美人、波斯菊等。二年生花卉多在秋季播种，翌春开花，如二月兰、紫云英等。

青葙

Celosia argentea 苋科青葙属

● 青葙花期整体景观

别名：野鸡冠花、狗尾巴、狗尾苋、牛尾花

形态特征：一年生草本，高30～100 cm。叶互生，椭圆状披针形。圆柱形的穗状花序顶生或腋生，长3～10 cm。小花密集，初为淡红色，后成白色。花期6—9月。

分布习性：广布于我国，生于田间、山坡、荒地，耐旱。

繁殖栽培：播种繁殖。栽培管理粗放。

园林应用：生性强健，花序经久不凋，可作地被植物。

● 青葙 花

紫茉莉

Mirabilis jalapa 紫茉莉科紫茉莉属

别名： 胭脂花、夜晚花、地雷花

形态特征： 多年生常作一年生栽培，高可达
1 m。块根肥粗，肉质。主茎直立，侧枝散生，
节膨大。单叶对生，卵状心形，全缘。花常数
朵簇生枝端。花色有黄色、白色、玫红色，有
香气。瘦果球形，黑色。花期6—10月，果期
8—11月。

分布习性： 原产于南美洲热带地区。喜温
暖、湿润的环境，不耐寒，喜半阴，不择土壤。

繁殖栽培： 播种繁殖，能自播繁衍。

园林应用： 性强健，生长迅速，黄昏散发浓
香，宜作地被植物，也可丛植于房前屋后、篱垣旁。

● 紫茉莉

● 紫茉莉

土人参

Talinum paniculatum 马齿苋科土人参属

别名：栌兰

形态特征：一年生或多年生肉质草本，高达60 cm，全株光滑。主根粗壮，圆锥形。叶互生，倒卵形，全缘。圆锥花序，常2歧分枝。花瓣5枚，淡紫红色。蒴果，种子多数。花期6—8月，果期9—11月。

分布习性：原产于热带美洲。喜温暖、湿润的环境，耐热，不耐寒，忌湿涝，对土壤要求不严。

繁殖栽培：以播种繁殖为主，也可用嫩枝扦插繁殖或分株。

园林应用：适应性强，植株整齐，繁殖力强，管理粗放，可成片栽植作地被。

土人参 果实

土人参 花

土人参

石竹

Dianthus chinensis　石竹科石竹属

别名：洛阳花、中国石竹、洛阳石竹

形态特征：多年生常作二年生栽培，高30～50 cm。茎疏丛生，节膨大。叶对生，线状披针形。花单生或数朵成疏聚伞花序，花梗长，单瓣5枚或重瓣，边缘不整齐齿裂，喉部有斑纹，微具香气。花期5—6月。

分布习性：原产中国，分布甚广。喜光照充足，耐寒，耐旱，忌水涝，不耐酷暑，夏季多生长不良或枯萎。

繁殖栽培：播种或扦插繁殖。

园林应用：株形整齐，花朵繁密，色彩丰富、鲜艳，花期长，可片植作地被。可布置花坛、花境和岩石园，亦可作盆栽欣赏。

同属常见栽培应用的有：

须苞石竹 *Dianthus barbatus* 别名：美国石竹、五彩石竹、十样锦

多年生草本，株高30～60 cm。节间长于石竹，且较粗壮，分枝少。花小而多，簇生成头状，花梗极短或几无梗。

● 石竹

● 须苞石竹
● 须苞石竹
● 石竹

● 石竹

飞燕草

Consolida ajacis 毛茛科飞燕草属

● 飞燕草 花

● 飞燕草 叶

别名：翠雀、干鸟草

形态特征：一、二年生草本，高30～100 cm。叶数回掌状深裂至全裂，裂片线形。总状花序顶生，长7～15 cm，花径约2.5 cm，蓝紫色或粉色。萼片5片，花瓣状，上萼片延长成距。花瓣2枚合生，与萼片同色。花期5—6月。

分布习性：原产于南欧。喜凉爽、干燥的环境，喜光，较耐寒，忌高温高湿。

繁殖栽培：播种繁殖，宜直播，果熟时应及时采收。

园林应用：植株挺拔，叶片纤细，花型别致，花序长且色彩鲜艳，可与其他花卉混播。可布置野生花卉园，也可布置花境。

● 飞燕草

桂竹香

Cheiranthus cheiri 十字花科桂竹香属

别名：香紫罗兰、黄紫罗兰

形态特征：多年生草本，常作二年生栽培，高30～60 cm。茎多分枝。叶互生，披针形，全缘。总状花序顶生，花瓣4枚，基部具长瓣柄，橙黄色，芳香。花期4—6月。

分布习性：原产于南欧，现世界各地均有栽培。喜冷凉、干燥的气候，较耐寒，喜阳，忌湿热。

繁殖栽培：一般秋播繁殖，重瓣品种扦插繁殖。

园林应用：花朵亮丽且芳香，可布置花坛、花境，也可小面积片植作地被。

● 桂竹香 花

● 桂竹香 花

● 桂竹香

香雪球

Lobularia maritima 十字花科香雪球属

别名：小白花

形态特征：多年生草本作一、二年生栽培，高15～30 cm。多分枝而匍生。叶互生，披针形。总状花序顶生，小花密集成球状，花瓣4枚，花色多，微香。花期5—10月。

分布习性：原产于地中海沿岸地区。喜冷凉、干燥的气候，稍耐寒，忌湿热，喜阳，也耐半阴。

繁殖栽培：播种繁殖，也可扦插繁殖。环境适宜地区可自播繁衍。

园林应用：植株低矮而多分枝，花朵密集且芳香，宜布置岩石园和花境，也可小面积片植作地被。

● 香雪球

诸葛菜

Orychophragmus violaceus 十字花科诸葛菜属

● 诸葛菜 花

别名：二月蓝

形态特征：二年生草本，高30～80 cm。下部叶片大头状羽裂，上部叶卵形，抱茎。总状花序顶生，花瓣4枚，紫色，长角果线形。花期3—5月，果期4—6月。

分布习性：原产于华东、华北、东北地区。耐阴，耐寒，不择土壤，自播能力强。

繁殖栽培：播种繁殖，宜秋季直播。管理粗放。果实成熟后，易开裂，应及时采收。

园林应用：冬季绿叶葱翠，早春花开成片，十分壮观，且花期长，适宜作疏林下观花地被。

诸葛菜

花菱草

Eschscholtia californica 罂粟科花菱草属

别名：金英花、人参花

形态特征：多年生草本作一、二年生栽培，高30～60 cm。全株被白粉，蓝灰色，根肉质。叶多回三出羽状细裂。花单生于长梗上，杯状，花径5～7 cm。花瓣4枚，橙黄色。种子多数。花期4—8月。

分布习性：原产于美国加利福尼亚州。喜冷凉、干燥、光照充足的环境，较耐寒，忌高温高湿。炎热的夏季处于半休眠状态，常枯死，秋后再萌发。

繁殖栽培：播种繁殖，宜直播，能自播繁衍。

园林应用：姿态飘逸，叶片细腻，花色艳丽，适宜布置花带、花境，也可片植于草坪作地被。

• 花菱草

虞美人

Papaver rhoeas 罂粟科罂粟属

别名：丽春花

形态特征：一、二年生草本，高30～60 cm。全株被刚毛，具乳汁。叶不规则羽裂。花单生于长梗上，花蕾下垂，花开后花朵向上。花瓣4枚，质薄似绢，有光泽。花色丰富，种子多数。花果期3—8月。

分布习性：原产于欧、亚大陆的温带地区，现世界各地广泛栽培。喜温暖、阳光充足的环境，耐寒，忌高温高湿。

繁殖栽培：播种繁殖，宜直播。能自播繁衍。

园林应用：姿态轻盈，花色绚丽，花瓣质薄如绫。可成片栽植作地被，也可布置花坛、花境。

● 虞美人 叶

● 虞美人 花

含羞草

Mimosa pudica　豆科含羞草属

形态特征：多年生常作一年生栽培，高约50 cm。全株密被毛和刺，茎多分枝，基部木质化。二回羽状复叶，通常4枚羽片掌状排列，小叶14～48枚。头状花序球形，花淡红色，雄蕊伸出花冠外。花期5—8月。

分布习性：原产于热带美洲。喜温暖、湿润的气候，不耐寒，喜阳，稍耐阴。

繁殖栽培：播种繁殖，宜春季直播。能自播繁衍。

园林应用：株形披散，花朵美丽，羽叶纤细，受触动即闭合，常盆栽作趣味性观赏植物，也可栽植作地被。

含羞草　果实

含羞草　花

含羞草

鸡眼草

Kummerowia striata 豆科鸡眼草属

形态特征：一年生草本，高10～30 cm。茎匍匐，多分枝。羽状三出复叶，脉纹明显，小叶倒卵状长椭圆形，先端钝，有小尖头。花1～3朵腋生，淡红色，蝶形。花期7—9月，果期10—11月。

分布习性：中国、日本、朝鲜广泛分布。喜温暖气候，具有较强的耐酸、耐旱和耐阴性，不择土壤。

繁殖栽培：播种繁殖，粗放管理。

园林应用：覆盖性强，可作地被植物。

●鸡眼草 花

●鸡眼草 叶

●鸡眼草

紫云英

Astragalus sinicus 豆科黄芪属

• 紫云英 叶

别名：红花草、草子、翘摇

形态特征：二年生草本，高10～30 cm。茎中空，多分枝，匍匐。奇数羽状复叶，小叶7～13枚，全缘，顶端有缺刻。总状花序，小花8～10朵，呈伞形，花冠紫红色，蝶形花。花期2—5月。

分布习性：分布于长江流域各地。喜温暖、湿润的气候，怕旱，耐湿，忌涝。

繁殖栽培：播种繁殖，有自播习性。在未种植过紫云英的地区宜用根瘤菌肥料拌种。

园林应用：植株低矮，花期长，适应性强，是优良的地被植物，也可布置缀花草坪。

• 紫云英 花

• 紫云英 花

• 紫云英

香薷

Elsholtzia ciliata 唇形科香薷属

形态特征：一年生草本，高30～50 cm。叶对生，卵形或椭圆状披针形，叶基下延。穗状花序顶生，偏向一侧，长2～7 cm。小花密集，花冠唇形，淡紫色。花期7—10月。

分布习性：我国除新疆、青海外均有分布，亚洲其他地区也有分布。喜阳，亦耐阴，耐寒。

繁殖栽培：播种繁殖，能自播繁衍。

园林应用：小花密集，秋季开花，生性强健，可成片栽植作地被。

● 香薷

中国勿忘我

Cynoglossum amabile 紫草科琉璃草属

● 中国勿忘我 花

别名：倒提壶

形态特征：二年生草本，高30～50 cm，全株密被柔毛。叶互生，卵状披针形，灰绿色。圆锥花序顶生，花冠5裂，蓝色，花冠筒喉部有5个梯形附属物。花期4—6月。

分布习性：原产于我国西南地区。喜凉爽和半阴的环境，喜光，耐半阴，耐寒。

繁殖栽培：秋季播种繁殖。

园林应用：花朵密集，花色素雅，可成片栽植布置野生花卉园，或点缀花境和岩石园。

● 中国勿忘我用于花境

蒲儿根

Sinosenecio oldhamianu 菊科蒲儿根属

形态特征：二年生草本，高40～60 cm。基生叶花期枯萎，茎生叶心状圆形，下面密生白色蛛丝状毛，缘有不整齐锯齿。头状花序在茎顶排列呈伞房状。花径约1.2 cm，黄色。花期4～5月。

分布习性：分布于我国华东、西南及陕西、甘肃地区，越南、缅甸亦有。生于林下阴湿处、水沟及路旁。

繁殖栽培：播种繁殖，可自播繁衍。

园林应用：株形整齐，花朵繁密，生命力强，可作地被植物。

● 蒲儿根

●蒲儿根

波斯菊

Cosmos bipinnatus 菊科秋英属

别名：秋英、大波斯菊

形态特征：一年生草本，高可达150 cm。多分枝。叶对生，二回羽状全裂，裂片线形。头状花序单生于长梗上，径约6 cm。舌状花一般单轮，8枚，先端呈齿状。管状花黄色。花期6—10月。

分布习性：原产于墨西哥，现世界各地广泛栽培。喜温暖、凉爽的环境，喜光，耐干旱瘠薄，不耐寒，忌炎热多湿。

繁殖栽培：播种繁殖，能大量自播繁衍。

园林应用：株形洒脱，叶形雅致，花色丰富，生性强健，可与其他花卉混播，形成混合地被，颇有野趣，也可作花境背景材料或片植于路边及林缘。

● 硫华菊

同属中常见栽培应用的有：

硫华菊 *Cosmos sulfurous*：

叶2~3回羽状深裂，裂片较波斯菊宽。舌状花常2轮，橘黄色或金黄色，管状花黄色。

● 波斯菊

● 波斯菊

● 波斯菊

● 波斯菊

● 硫华菊整体景观

两色金鸡菊

Coreopsis tinctoria 菊科金鸡菊属

• 两色金鸡菊

别名：蛇目菊、小波斯菊、金钱菊

形态特征：一、二年生草本，株高30～90 cm。茎多分枝。叶对生，二回羽状全裂，裂片线形。头状花序常数个排列呈疏散的伞房状花序。花径3～4 cm，舌状花金黄色，基部红褐色。管状花紫褐色。花期5—8月。

分布习性：原产于北美中部地区，世界各国多有栽培。喜阳光充足、夏季凉爽的环境，耐寒力强，耐干旱瘠薄，忌酷暑。

繁殖栽培：播种繁殖，有自播能力。因其种子成熟期不一致，自播苗生长期参差。

园林应用：花丛疏散轻盈，花朵繁茂，成片栽植作地被植物任其自播繁衍，也可丛植作花境。

• 两色金鸡菊

多年生花卉

多年生花卉（PERENNIAL FLOWERS）是指植株个体寿命超过两年，能连续多年开花结实的草本花卉。多年生花卉可分为宿根花卉、球根花卉和多年生常绿花卉三类。

宿根花卉：地下部器官形态未变态成球状或块状，有明显的休眠期，大多数在冬季地上部分枯死，进入休眠期，少部分在南方夏季休眠。

球根花卉：地下部分变态膨大形成球状或块状，大量贮藏养分。

多年生常绿花卉：在南方地区常绿越冬，在我国北方多温室栽培的草本，如艳山姜、竹芋等。

蕺菜

Houttuynia cordata 三白草科蕺菜属

● 花叶蕺菜

别名：鱼腥草

形态特征：多年生湿生草本，高15～60 cm。全株有腥臭气。根状茎白色，茎下部伏地，节上生根。叶互生，薄纸质，心状卵形，全缘。穗状花序，花小，黄绿色，无花被，基部着生4枚花瓣状的白色苞片。花期5—8月。

分布习性：分布于我国长江流域以南地区。喜温暖、湿润的半阴环境，忌干旱。

繁殖栽培：常分栽地下茎繁殖。

园林应用：白色苞片醒目，观赏效果极佳，宜作林下地被或于水边带状栽植。

同属常见栽培应用的有：

花叶鱼腥草 *Houttuynia cordata* 'Chameleon'：
春季叶色鲜艳，叶缘红色，叶色红绿黄三色镶嵌。

● 蕺菜

庐山楼梯草

Elatostema stewardii　荨麻科楼梯草属

别名：白龙骨、冷坑兰（浙江）

形态特征：多年生草本，高20～50 cm。不分枝。叶片互生，斜椭圆形，基部在狭侧楔形，中部以上有粗锯齿，宽侧耳形，基部以上有粗锯齿。花单性，异株。雄花序托近球形，有短柄，雌花序托无柄，较小。花果期8—10月。

分布习性：分布于我国华东、湖北、陕西、四川等地。常生长于林下、溪边阴湿处。

繁殖栽培：可用叶腋珠芽繁殖，也可播种繁殖。

园林应用：株形整齐，极其耐阴，适宜作林下地被植物。

● 庐山楼梯草　花

● 庐山楼梯草

头花蓼

Polygonum capitatum　蓼科蓼属

别名：草石椒、石辣蓼、石莽草

形态特征：多年生草本，高10～15 cm。具匍匐茎，节上生根，一年生枝斜升向上，表面红色。叶互生，椭圆形，基部楔形，有时具耳形，叶面有时具"V"形斑纹。头状花序顶生，花被淡红色，5深裂。花期6—10月。

分布习性：产于我国西南地区，印度、尼泊尔、缅甸也有。喜光，耐旱，耐热，生长势强。

繁殖栽培：播种或扦插繁殖。

园林应用：覆盖性强，是优良的观叶观花地被植物，也可作花境填充物或点缀岩石园。

头花蓼

龙须海棠

Mesembryanthemum spectabile 番杏科龙须海棠属

别名：红冰花、松叶菊、美丽日中花

形态特征：多年生肉质草本，高达30 cm。茎匍匐，多分枝，基部稍呈木质化。叶片肉质，三角状锥形。花单生枝端，花瓣窄条形，有光泽，花色丰富。花期5—7月。

分布习性：原产于南非。喜温暖、干燥和光照充足的环境，耐干旱，不耐寒，忌高温高湿。

繁殖栽培：一般在春、秋季节剪取顶端枝条进行扦插繁殖。

园林应用：植株矮小，花大色艳，开花量大，可在坡地成片栽植，也是极好的盆栽植物。

● 龙须海棠

龙须海棠

石碱花

Saponaria officinalis 石竹科肥皂草属

别名：肥皂草

形态特征：多年生常绿草本，高30～90 cm。根状茎发达，茎基部铺散，上部直立。叶对生，宽披针形，三出脉。聚伞花序圆锥状，花瓣长卵形，先端凹，鲜红色、淡红色或白色。花萼圆筒形。花期6—8月。

分布习性：原产于欧洲及西亚。喜阳，耐半阴，耐寒，耐旱。

繁殖栽培：繁殖力强，可自播繁衍，也可分株繁殖。秋季播种，分株春、秋季均可。

园林应用：因其适应性极强，常片植于林缘作地被植物，也可布置岩石园和野生花卉园。

石碱花

常夏石竹

Dianthus plumarius 石竹科石竹属

别名：羽裂石竹、地被石竹

形态特征：多年生常绿草本，高约30 cm。全株被白粉。茎匍匐簇生，上部分枝。叶对生，线形，蓝绿色。花1～3朵顶生枝端，喉部具暗紫色斑纹，花径2.5～4 cm，芳香。花期5—10月。

分布习性：原产于奥地利至西伯利亚。喜阳，耐旱忌涝，耐寒性极强。夏季由于高温多雨，根部极易腐烂。

繁殖栽培：秋播、分株或扦插繁殖。花后修剪，以利多分蘖。

园林应用：因其常绿，覆盖性好，枝叶密集，叶形优美，花色艳丽，花期长，可作为花境的填充或镶边材料。

●常夏石竹

●常夏石竹

●常夏石竹

剪夏罗

Lychnis coronata 石竹科剪秋罗属

● 剪秋罗

别名： 剪春罗、剪红罗、碎剪罗

形态特征： 宿根草本，高50～90 cm，全株光滑。叶交互对生，卵状披针形，无柄。二歧聚伞花序，花径约5 cm。花瓣5枚，橙红色，先端具缺刻状细齿。花期5—7月。

分布习性： 原产于长江流域地区。喜阳，稍耐阴，耐寒。夏季喜凉爽，忌高温高湿。

繁殖栽培： 播种或分株繁殖。幼苗期宜摘心，可降低株高和增加分枝，花后及时剪掉残花，可再次开花。

园林应用： 花朵美丽，花期恰逢夏季少花季节，且生性强健，管理简便，宜片植作疏林下地被，也可布置花境和岩石园。

同属常见栽培应用的有：

剪秋罗 *Lychnis senno*：

高50～90 cm，全株被细毛。常1～4朵组成二歧聚散花序，花深红色。先端不规则深条裂。花期6—9月。分布于长江流域和秦岭以南。

● 剪夏罗

大叶铁线莲

Clematis heracleifolia 毛茛科铁线莲属

别名：草牡丹

形态特征：多年生直立草本或亚灌木，高30～100 cm。三出复叶对生，叶缘有不整齐的粗锯齿。聚伞花序，雄花与两性花异株，蓝色，花径2～3 cm。花瓣缺，花萼管状，4裂，反卷。花期8—9月。

分布习性：产于我国东北、华北、华东、华中各山区，日本、朝鲜也有。常生于山坡谷地、林缘路旁，耐寒、耐阴。

繁殖栽培：播种、扦插或分株繁殖。

园林应用：喜湿、耐阴，可片植于疏林下或林缘，作地被植物。

●大叶铁线莲

金莲花

Trollius chinenses 毛茛科金莲花属

● 金莲花

别名：金梅草、金疙瘩

形态特征：多年生草本，高30～70 cm。基生叶1～4枚，具长柄，五角形，三全裂。花单生或2～3朵组成聚伞花序，金黄色。萼片10～15枚，花瓣状，倒卵形。花瓣线形，与萼片近等长，雄蕊多数，比花瓣短。花期6—7月。

分布习性：分布于我国华北、东北地区。喜冷凉、潮湿的环境，喜阳亦耐阴，耐寒，怕干旱，忌水涝，夏季忌高温多雨。

繁殖栽培：播种繁殖，宜秋播。

园林应用：株型整齐，花开成片金黄，适宜作观花地被。

嚏根草

Helleborus niger 毛茛科铁筷子属

形态特征：多年生常绿草本，高30～50 cm。基生叶1～2枚，具长柄，鸟足状分裂，裂片5～7枚。茎生叶较小，三全裂。花径约6 cm。萼片5枚，花瓣状，宿存。花瓣小，管状。蓇葖果扁，种子多数。花期冬季至翌春。

分布习性：原产欧洲。喜温暖、湿润及半阴的环境，耐寒，不耐高温，忌强光直射。

繁殖栽培：以播种繁殖为主，宜即采即播。也可分株繁殖，最好除去花芽，以利根系复壮。

园林应用：冬季常绿，且开花，花期恰逢冬季少花季节，其花朵大，耐阴湿，是一种难得的观花地被植物，也可布置花境和岩石园。

● 嚏根草

毛茛

Ranunculus japonicu　毛茛科毛茛属

别名：水芹菜、水茛

形态特征：多年生草本，高30～60 cm，全株密被柔毛。基生叶及茎下部叶掌状三深裂，上部叶片逐渐变小至线形。聚伞花序松散，花黄色，直径约2 cm。花期4—6月。

分布习性：分布于我国长江中下游各地及台湾地区。生于田野、溪边或林边阴湿处。喜温暖、湿润的气候，喜光亦耐阴，耐水湿。

繁殖栽培：播种、分株繁殖。

园林应用：生性强健，花朵亮丽，宜片植于疏林下，是理想的春季观花地被植物。刺果毛茛、猫爪草可布置缀花草坪。

同属可栽培应用的有：

①扬子毛茛 *Ranunculus sieboldii*：

多年生草本，高20～30 cm。全株密被柔毛。基铺散，下部匍匐，节上生根。叶为三出复叶，具长柄。花与叶对生，花瓣5枚，黄色。聚合果球形，瘦果扁平。花期4—6月。

②猫爪草 *Ranunculus ternatus*：

别名：小毛茛

一年生草本，高5～17 cm，全株几无毛。须根肉质膨大呈纺锤形。基生叶为三出复叶或三深裂，茎生叶较小，无柄。花单生茎端，花瓣5～7枚，黄色。花期3—4月。主要产于华东、华中地区。生于路边或湿地草丛中。

● 毛茛

● 扬子毛茛

● 猫爪草

杂种耧斗菜

Aquilegia hybrida 毛茛科耧斗菜属

形态特征：多年生草本，高40～80 cm。二回三出复叶，灰绿色。花数朵着生于茎上部叶腋，下垂，径约5 cm。萼片5枚，花瓣状，长于花瓣，距与花瓣近等长，稍内曲，长8～10 cm。花瓣5枚。花期4—7月。

分布习性：我国华北、华东、华中、华南、西南等省区多有引种栽培。喜凉爽、湿润及半阴的环境，耐寒，夏季忌高温高湿和强光直射。

繁殖栽培：播种或分株繁殖。夏季高温多雨季节应注意遮阴和排涝，同时须及时摘心，以控制高度。

园林应用：叶片优美，花形独特，品种甚多，花色丰富，花期长。适宜丛植于花境、林缘或片植于疏林下，也可布置岩石园。

● 杂种耧斗菜

● 杂种耧斗菜

● 杂种耧斗菜

●杂种耧斗菜

鹅掌草

Anemone flaccida 毛茛科银莲花属

别名：蜈蚣三七、林荫银莲花

形态特征：多年生草本，高15～40 cm。根状茎斜生，圆柱形。基生叶1～2枚，五角形，三全裂。聚伞花序有2～3花，萼片5枚，白色带粉红。花期4—5月。

分布习性：产于我国华东、华中、西南地区，分布于西南、浙江、江西、湖北、陕西、两广等地。生于山草坡、沟边草丛中。喜光亦耐阴，耐寒，耐干旱瘠薄。

繁殖栽培：播种或分根茎繁殖。适应性较强，管理粗放。

园林应用：枝叶茂盛，花大美丽，宜片植于林缘、疏林下或草坪中，也可布置岩石园、花境。

● 鹅掌草

白屈菜

Chelidonium majus 罂粟科白屈菜属

形态特征：多年生草本，高30～60 cm。含橙色汁液。茎直立，多分枝，叶羽状全裂，缘有不整齐缺刻。伞形花序多花，花瓣4枚，黄色。雄蕊多数。蒴果圆柱形。花期4—5月。

分布习性：主产于我国东北、华北、华东地区，日本、朝鲜、俄罗斯及欧洲也有。喜光，耐湿。

繁殖栽培：以播种繁殖为主，也可进行分株。

园林应用：生长迅速，宜作地被植物，也可布置花境和野生花卉园。

● 白屈菜 花

● 白屈菜

东方罂粟

Papaver orientale 罂粟科罂粟属

● 东方罂粟

形态特征： 多年生草本，高约1 m。茎叶被白毛。直根系，半肉质。叶基生，羽状全裂，边缘有大锯齿。花单生，径约15 cm，红色或浅粉色。花瓣4～6枚，瓣基具黑色斑块。花期5—7月。

分布习性： 原产地中海沿岸和伊朗，我国华北地区多有栽培。喜阳，耐寒，耐旱，忌炎热湿涝。

繁殖栽培： 秋播繁殖。雨季注意排涝。

园林应用： 花大艳丽，宜成片栽植于草坪中或林缘作地被，也可布置花境。

● 东方罂粟

刻叶紫堇

Corydalis incisa 罂粟科紫堇属

别名：紫花鱼灯草

形态特征：一年生或多年生草本，高约40 cm。根茎肥厚，密生须根，茎多分枝。叶2～3回羽状全裂，末回裂片顶端多细缺刻。总状花序长2～3 cm，花瓣蓝紫色，距圆筒形。蒴果线形。花果期3—6月。

分布习性：分布于华东、华中地区。喜温暖、湿润及半阴的环境，耐寒。夏季常枯萎，9月重新萌发。

繁殖栽培：播种、自播繁衍，也可用块茎繁殖。

园林应用：叶片纤细，花色鲜艳，春季花开成片，冬季绿色，且适应性强。适宜成片栽植作林下地被，也可布置岩石园或栽植在水边。

同属常见栽培应用的有：

①珠芽尖距紫堇 *Corydalis sheareri* var. *bulbillifera*：

多年生草本，高15～40 cm。叶二回羽状全裂，有时裂片边缘有紫斑，茎上部叶腋花期具珠芽。总状花序长3～9 cm，花瓣淡紫色，距细

● 伏生紫堇

● 黄堇

● 刻叶紫堇

长钻形，末端尖。蒴果线形。

②伏生紫堇 *Corydalis decumbens*（又名夏天无、野元胡）：

二年生草本，高10～30 cm。块茎呈不规则球形，茎细弱，常2～4簇生。具基生叶，叶2回3出全裂。总状花序长2～6 cm，花瓣红色。

③延胡索 *Corydalis yanhusuo*（又名元胡）：

多年生草本，高7～20 cm。块茎扁球形，无基生叶，叶二回三出全裂。总状花序长2.5～8 cm，花瓣紫红色。

④黄堇 *Corydalis pallida*：

二年生草本，高15～50 cm，具细长直根。叶2～3回羽状全裂。总状花序长达15 cm，有花约20朵，花瓣淡黄色，距短圆筒形。蒴果念珠状。

⑤台湾黄堇 *Corydalis balansae*（又名北越紫堇）：

二年生草本，高12～40 cm。具圆锥形直根。叶2～3回羽状分裂。总状花序长4～11 cm，有花10～30朵，距圆筒形，花瓣亮黄色。蒴果线形。

延胡索

台湾黄堇

珠芽尖距紫堇

血水草

Eomecon chionantha 罂粟科血水草属

形态特征：多年生草本，高30～65 cm。含黄色汁液，根状茎粗短。叶基生，纸质，卵状心形，边缘具波状齿或全缘。聚伞花序顶生，有花3～5朵，花瓣4枚，白色。花期4—5月。

分布习性：特产于我国长江以南各地和西南地区。生于山谷、溪边、林下阴湿处，常成片生长。

繁殖栽培：播种或分株繁殖。

园林应用：花、叶俱佳，宜成片栽植于林下作地被。

血水草

白花碎米荠

Cardamine leucantha　十字花科碎米荠属

形态特征：多年生草本，高30～60 cm。根状茎短而匍匐，茎直立，少分枝。叶为奇数羽状复叶，小叶2～3对。总状花序顶生，花白色，长角果。花期4—6月。

分布习性：分布于我国东北、华东、华中等地区，朝鲜、日本、俄罗斯也有。生于山坡林下或沟边阴湿处。

繁殖栽培：播种或分株繁殖。

园林应用：宜作林下地被植物或栽植于水边。

• 白花碎米荠

• 白花碎米荠

垂盆草

Sedum sarmentosum 景天科景天属

形态特征：多年生草本，高10～20 cm。不育枝匍匐，节上生根，花茎直立。叶3枚轮生，倒披针形。聚伞花序松散，常3～5分枝，花黄色。花期5—6月。

分布习性：分布于长江中下游及东北地区。喜湿润，耐寒，喜阳，稍耐阴，耐干旱瘠薄。

繁殖栽培：扦插繁殖，成活率高。

园林应用：株丛茂密，花色金黄，适应性强，是一种优良的地被植物，也适合布置岩石园或作屋顶绿化材料。

同属常见栽培应用的有：

①凹叶景天 *Sedum emarginatum*：

高10～15 cm。茎斜生，基部着地生根。叶对生，匙形至宽卵形，先端微凹。聚伞花序，常3个分枝，花黄色。花期5—6月。产于华东、华中、云南、四川、陕西、甘肃地区。

● 凹叶景天

● 垂盆草 花

● 垂盆草

②费菜 *Sedum aizoon* （别名：土三七）：

高20～50 cm，茎直立，不分枝。叶互生，倒卵状披针形，缘有锯齿。聚伞花序多花，水平分枝，开展，花黄色。花期6—9月。分布于长江流域及北部各省区。

③胭脂红景天 *Sedum spurium* 'Coccineum'：

茎叶终年红色，茎匍匐，高10～20 cm。叶片扇形，缘有锯齿。花红色。花期6—9月。极耐旱，耐寒，耐酷暑，耐阴。

④八宝景天 *Sedum spectabile* （别名：华丽景天、长药景天）：

高30～70 cm，茎粗壮而直立。叶对生或轮生，倒卵形，具波状齿。聚伞花序伞房状，径约10 cm，花色丰富，品种甚多。花期8—9月。原产于东北和华东。喜强光，耐寒，耐干旱贫瘠，忌涝。

⑤金叶景天 *Sedum* sp.：

高6～10 cm，茎匍匐，多分枝。叶对生，圆形，金黄色。喜光，耐半阴，耐寒，忌水涝。

● 费菜 花
● 费菜 叶
● 金叶景天
● 胭脂红景天
● 八宝景天
● 八宝景天

虎耳草

Saxifraga stolonifera 虎耳草科虎耳草属

● 虎耳草 花

别名：金钱吊芙蓉、金丝荷叶

形态特征：多年生常绿草本，高15～45 cm。全株密被绒毛。匍匐茎细长，紫红色，先端着地长出幼株。叶基生，肾形，叶表沿脉具白色斑纹，叶背紫红色。圆锥花序松散，小花两侧对称，花瓣5枚，白色，上方3片较小，有深红色斑点。花期4—6月。

分布习性：我国广泛分布，日本、朝鲜也有。喜凉爽、湿润及半阴的环境，耐寒，忌强光直射及干燥，不耐高温，在炎热的夏季休眠。

繁殖栽培：以分株繁殖为主，剪取匍匐茎末端的小植株，另行栽植即可。应经常保持湿润。

园林应用：株形矮小，覆盖性强，宜作疏林下地被，也可布置岩石园或作垂吊盆栽观赏。

● 虎耳草

杂种落新妇

Astilbe hybrida 虎耳草科落新妇属

别名：红升麻

形态特征：多年生草本，高40～80 cm。根状茎粗壮。叶2～3回3出复叶，具长柄，小叶长圆形或菱形，缘有重锯齿。圆锥花序顶生，长20～40 cm。花小密集，淡紫色至紫红色，花瓣5枚，线形。花期6—8月。

分布习性：原种产于我国长江流域及东北地区，朝鲜、俄罗斯也有。性强健，耐寒，喜半阴及湿润的环境。

繁殖栽培：分株或播种繁殖。夏季注意排水，花后及时剪去花茎。

园林应用：花序紧凑，花色丰富、艳丽，品种甚多。适宜在溪边林缘和疏林下栽植，可布置花境、岩石园，亦可盆栽或作切花。

● 杂种落新妇

紫叶珊瑚钟

Heuchera americana 'Palace Purple' 虎耳草科矾根属

● 紫叶珊瑚钟

形态特征：多年生草本。全株密生细绒毛，基部莲座状。叶基生，阔心形，暗紫红色，缘有锯齿。花葶细长，高达50 cm，暗紫色，穗状花序远高出叶丛，小花悬垂，钟状，白色，较小。花期4—6月。

分布习性：原产于北美。耐寒，喜阳亦耐阴。

繁殖栽培：以播种繁殖为主，也可分株。栽培管理简单，夏季高温多雨时，注意通风遮阴。

园林应用：叶片常年呈紫红色，花序修长挺直，花期长，可成片栽植于林下作地被，也可布置花境和岩石园。

● 紫叶珊瑚钟

大叶金腰

Chrysosplenium macrophyllum 虎耳草科金腰属

● 大叶金腰

形态特征：多年生草本，高8～20 cm。匍匐生长的不孕茎长达45 cm。叶匙形，互生，顶部的叶稍密集。基生叶数枚，肉质，倒卵形。茎生叶1枚，较小，匙形。聚伞花序顶生，稍密集。花果期3—5月。

分布习性：分布于华东、西南、华中、华南地区。生于林下、溪沟边等阴湿处。

繁殖栽培：分切匍匐茎繁殖。

园林应用：具匍匐茎，覆盖性强，且冬绿，宜作林下阴湿处的地被植物。

同属可常见栽培应用的有：

日本金腰 *Chrysosplenium japonicum*：

高10～20 cm，基生叶3～4枚，肾形。茎生叶1～3枚，互生。聚伞花序顶生，苞叶绿色，宽卵形。花果期3—4月。产于我国浙江、江西、辽宁、吉林，日本、朝鲜也有。生于山谷溪沟边。

● 日本金腰

三叶委陵菜

Potentilla freyniana　蔷薇科委陵菜属

　　形态特征：多年生草本，高约30 cm。根粗壮，茎细长，稍匍匐。3出复叶，两面绿色。伞房状聚伞花序顶生，松散，多花，黄色。副萼片披针形，萼片三角状卵形。花果期3—6月。

　　分布习性：分布于我国南北各地区，生于向阳山坡、路边草丛中、石缝中及疏林下阴湿处。

　　繁殖栽培：分株繁殖，易成活。

　　园林应用：植株紧密，覆盖性强，花色艳丽，花期长，为优良的观花地被，也适于点缀岩石园。

● 三叶委陵菜

● 蛇含委陵菜

同属常见栽培应用的有：

①蛇含委陵菜 *Potentilla kleiniana* （别名：蛇含）：

一至多年生草本。多须根，茎细长，略匍匐，节处生根并发出新植株。基生叶为掌状复叶，小叶5枚，茎生叶为3小叶。聚伞花序密集枝顶如假伞形。花果期4—9月。广布南北各省。生长于山坡林下、田边路旁或湿地。

②莓叶委陵菜 *Potentilla fragarioides* （别名：雉子筵）：

多年生草本，高10～35 cm。根极多，簇生。基生叶为羽状复叶，小叶5～7枚，顶端3小叶较大。茎生叶小，3小叶。伞房状聚伞花序，多花，松散。花期4—6月。主要产于江西、江苏、浙江、山东。生于沟边、草地、灌丛及疏林下。

● 莓叶委陵菜 叶

● 蛇含委陵菜 花

● 莓叶委陵菜 花

蛇莓

Duchesnea indica 蔷薇科蛇莓属

形态特征：多年生常绿草本。匍匐茎细长，节上生根，三出复叶。花单生叶腋，黄色，副萼片比萼片大，先端常三齿裂。花托果期膨大，海绵质，鲜红色，有光泽。瘦果多数，暗红色。花果期4—6月。

分布习性：分布于我国辽宁以南各地区，亚洲其他地区及欧洲、美洲也有。喜阴湿的环境，耐阴，耐寒，耐旱。

繁殖栽培：播种繁殖或分栽匍匐茎。生性强健，管理粗放。

园林应用：植株低矮，枝叶繁茂，覆盖性强，绿期长，是优良的观花观果地被植物。

● 蛇莓　果实

● 蛇莓　花

红花亚麻

Linum grandiflora var. rubrum 亚麻科亚麻属

● 红花亚麻 花

形态特征：宿根草本，高30～60 cm。茎丛生，纤细，多分枝。叶披针形，具1～3条主脉。疏散的圆锥花序，花径约3 cm，花瓣5枚，红色。花期4—6月。

分布习性：原产于北非。喜阳，不耐寒，忌酷热。

繁殖栽培：播种繁殖。宜春、秋播种繁殖，也可分株繁殖。定植后应摘心一次，以促进分枝。

园林应用：株形纤细飘逸，花朵密集，多用于布置花境或岩石园，也可片植作地被。

● 红花亚麻

芸香

Ruta graveolens 芸香科芸香属

形态特征： 多年生常绿草本，高50～100 cm，有强烈的特殊气味。茎基部木质化，枝叶蓝绿色。叶2～3回羽裂。聚伞花序顶生，花径约2 cm，花瓣黄色，边缘呈流苏状。花期5—6月。

分布习性： 原产地中海沿岸，我国南方多有栽培。喜温暖湿润、日照充足的环境，忌水涝。

繁殖栽培： 春季播种繁殖，或取当年生嫩枝扦插繁殖。

园林应用： 花、叶俱佳，可成片栽植作地被，也可配植花境。

● 芸香 花

● 芸香

紫花地丁

Viola chinensis 堇菜科堇菜属

● 紫花地丁

形态特征：多年生草本，无地上茎，高10～20 cm。叶卵状披针形，叶缘具圆齿，叶柄较长具狭翅。花冠5瓣裂，蓝紫色，距细管状。花期3—4月。

分布习性：分布于我国华东、东北、华北地区。生性强健，喜阳亦稍耐阴，耐寒，耐旱。

繁殖栽培：播种或分株法繁殖。能自播繁衍。

园林应用：植株矮小，覆盖性好，花开成片，为优良的地被植物，可与蒲公英、紫云英、小毛茛等早春开花植物混栽，形成缀花草坪。

● 紫花地丁

鸭儿芹

Cryptotaenia japonica 伞形科鸭儿芹属

● 紫叶鸭儿芹

别名：鸭脚菜、三叶芹

形态特征：多年生草本，高30～60 cm，全体有香气。三出复叶，小叶广卵形，边缘有不规则重锯齿。复伞形花序，花白色。花期4—5月。

分布习性：分布几遍全国，朝鲜、日本也有。生于林下、林缘、路边或灌丛中，喜冷凉的气候，较耐寒，耐阴，忌高温。

繁殖栽培：播种繁殖。

园林应用：生性强健，宜作林下阴湿处地被。

同属常见栽培应用的有：

紫叶鸭儿芹 *Cryptotaenia japonica* 'Atropurpurea'：叶紫色，其余同鸭儿芹。

● 鸭儿芹

美丽月见草

Oenothera speciosa　柳叶菜科月见草属

● 美丽见月草　花

形态特征：多年生草本，高约50 cm。叶披针形，缘有疏齿。花常2朵着生于茎上部叶腋，径约5 cm。花瓣4枚，粉红色，有香气，雄蕊8枚。蒴果近圆柱形。花期5—9月。

分布习性：原产于美国西南部。喜光照充足，耐旱，不耐严寒，忌积水。

繁殖栽培：播种或分株繁殖，能自播繁衍。

园林应用：花大美丽，宜作观花地被或布置花境。

● 美丽见月草

泽珍珠菜

Lysimachia candida 报春花科珍珠菜属

形态特征：多年生无毛草本，高15～40 cm。叶互生，椭圆形。总状花序顶生，密花，初为伞房状，后伸长，花冠白色，花柱细长。花期4—5月。

分布习性：广布于东北至长江流域各地区。生于水边、稻田和湿地草丛中。喜温暖、湿润及向阳的环境。

繁殖栽培：播种繁殖，能自播繁衍。

园林应用：花序醒目，宜成片栽植于林缘、溪边草丛中，也可布置花境。

●泽珍珠菜

海石竹

Armeria maritime 蓝雪科海石竹属

● 海石竹

● 海石竹

形态特征：多年生草本，莲座状丛生，高15～20 cm。叶基生、密集，叶线形至条形，深绿色。花茎纤细，挺拔直立，头状花序顶生，呈半球形，小花杯形，紫红色，花瓣干燥。花期3—6月。

分布习性：原产于非洲北部、南美洲及土耳其的海岸山地间。喜冷及光照充足的环境，耐寒性强，耐干旱，忌高温高湿。

繁殖栽培：播种或分株繁殖。花后宜马上修剪。

园林应用：小巧，密集的叶犹如草坪草，花瓣如干燥花，花期长。可成片栽植，或点缀岩石园，在花境中可作镶边材料。

宿根福禄考

Phlox paniculata 花葱科天蓝绣球属

丛生福禄考

● 宿根福禄考

别名：天蓝绣球、锥花福禄考

形态特征：多年生草本，高60～120 cm。茎粗壮直立，通常不分枝。叶交互对生，上部常3叶轮生，叶长椭圆形，无柄，全缘。圆锥花序顶生，径约15 cm，花冠高脚碟状，先端5裂。花期6—9月。

分布习性：原产于美国东南部，现广为栽培。喜冷凉的气候，喜光，稍耐阴，极耐寒，夏季忌炎热多雨及阳光暴晒。

繁殖栽培：以分株、扦插繁殖为主。每3年左右分株一次，以防老化。

园林应用：花朵密集、花色丰富、开花整齐、花期长，是优良的庭园宿根花卉。可用于布置花境、岩石园，亦可成片栽植作地被。

同属常见栽培应用的有：

丛生福禄考 *Phlox subulata* （别名：针叶天蓝绣球）：

多年生常绿草本，高10～15 cm。茎匍匐丛生，密集成垫状。叶钻形簇生，革质。聚伞花序顶生，花径约2 cm，花瓣倒心形，先端有深缺刻，基部有一深红色的圆环，芳香。花期3—5月。原产于美国。喜光，耐寒，耐旱。植株低矮、覆盖性强、花朵繁多、花期长，是优良的春季观花地被植物。

丛生福禄考

梓木草

Lithospermum zollingeri 紫草科紫草属

形态特征：多年生宿根匍匐草本，匍匐茎长达30 cm，花茎高5～20 cm。叶倒披针形，两面被短硬毛。花序有花1至数朵，花冠蓝色，喉部无附属物，但有5条纵褶。花期4—5月。

分布习性：分布于长江中下游各地区，朝鲜、日本也有。野生于路边或林下草丛中。

繁殖栽培：分株繁殖。

园林应用：常绿，植株铺地生长，可作地被植物，或布置岩石园。

●梓木草

蓝花鼠尾草

Salvia farinacea 唇形科鼠尾草属

别名：粉萼鼠尾草、一串蓝

形态特征：多年生，常做一、二年生栽培，高30～60 cm。茎四棱，多分枝，基部稍木质化。叶对生，长椭圆形。总状花序顶生，蓝色，上唇瓣小，下唇瓣大，有明显的白斑。花期5—10月。

分布习性：原产于北美。喜温暖、湿润和阳光充足的环境，较耐寒，忌炎热、干燥。

繁殖栽培：播种或扦插繁殖。定植后摘心一次。种子成熟时应及时采摘。

● 深蓝鼠尾草

园林应用：植株紧密整齐，花序长，蓝花密集，花期长，适合大面积栽植作地被，可布置花坛、花境，也可点缀岩石旁、林缘空隙地。

同属常见栽培应用的有：

①朱唇 *Salvia coccinea* （别名：红花鼠尾草）：花萼绿色带紫纹，花冠唇形，鲜红色。

● 天蓝鼠尾草

● 蓝花鼠尾草

●丹参　　　　　　　　　●白花鼠尾草

②红唇鼠尾草 *Salvia* sp.（别名：澳洲鼠尾草）：

花冠唇形，粉白色，下唇粉红色。花期4—11月。

③天蓝鼠尾草 *Salvia uliginosa*：

花冠天蓝色。花期5—11月。

④深蓝鼠尾草 *Salvia guaranitica*（别名：瓜拉尼鼠尾草）：

花冠蓝紫色。花期5—11月。

⑤紫绒鼠尾草 *Salvia leucantha*（别名：墨西哥鼠尾草）：

茎四棱，有绒毛，嫩茎密被白色绒毛。花紫红色。花期5月至翌年2月。

⑥白花鼠尾草 *Salvia* sp.：

花冠白色。花期5—10月。

⑦丹参 *Salvia miltiorrhiza*：

多年生草本，高40～80 cm，全株密被柔毛。根肉质肥厚，表面红色。奇数羽状复叶。轮伞花序4～8朵，再组成总状花序，花冠蓝紫色，上唇镰刀状。花期4—7月。产于华北、华东、华中地区，我国广泛栽培，日本也有。喜光照充足，耐寒，忌干旱和积水。

●红唇鼠尾草

●紫绒鼠尾草

金疮小草

Ajuga decumbens 唇形科筋骨草属

别名：白毛夏枯草、伏地筋骨草

形态特征：多年生常绿草本，高10～30 cm，全株密被白色柔毛。茎基部分枝成丛生状，伏卧，上部直立。基生叶花时存在，叶倒卵形，边缘有波状粗齿。花白色带紫脉。花期3—6月。

分布习性：广布于我国长江以南各地区，朝鲜、日本也有。生于路旁、山坡、草丛及溪沟边。生性强健，喜半阴和湿润的环境，耐寒。

繁殖栽培：播种或分株繁殖。栽培容易。

园林应用：叶片紫色，花序多花，覆盖性强，适宜作地被植物。

同属常见栽培应用的有：

紫背金盘 *Ajuga nipponensis* （别名：筋骨草）：

多年生草本，具短根茎。茎近直立，高15～35 cm。常从基部分布，稍带紫色基生叶在花时不存在。茎生叶数对，中部的叶最大，叶宽椭圆形或卵状椭圆形。轮伞花序多花，生于茎中部以上，向上渐密集组成顶生穗状花序。花冠白色具深色条纹或淡紫色。

● 紫背金盘

● 金疮小草

随意草

Physostegia virginiana 唇形科假龙头属

形态特征：多年生草本，高60～120 cm。根状茎匍匐，茎丛生、四棱形。叶交互对生，披针形，近无柄，缘有细锯齿。穗状花序顶生，长20～30 cm，小花唇形，筒长2.5 cm，红色。花期7—10月。

分布习性：原产于北美。喜光照充足，稍耐阴，较耐寒，忌夏季炎热干旱。

繁殖栽培：分株、扦插或播种繁殖。夏季须注意排水，否则下部叶易枯死。

园林应用：花朵密集、艳丽，花期长，花序醒目，整体效果好，可布置花境，也可在草地成片种植。

● 随意草

● 随意草

夏枯草

Prunella vulgaris 唇形科夏枯草属

别名：棒柱头花、棒槌草、棒头柱

形态特征：多年生草本，高约30 cm。根茎匍匐，茎基部伏地，上部直立。叶对生，卵状长圆形，最上方一对叶紧接于花序呈苞叶状。轮伞花序密集成顶生的穗状花序，长2～4 cm，花冠蓝紫色。花期4—6月。

分布习性：分布于华东、华中、华南、西南及西北地区，欧亚大陆广泛分布。生于山坡路旁、草地及溪沟边。

繁殖栽培：播种繁殖，可自播繁衍。

园林应用：夏枯草植株低矮，适应性强，适宜片植作地被，也可布置花境、岩石园、庭院。

同属常见栽培应用的有：

白花夏枯草 *Prunella vulgaris* var. *leucantha*：

与原种不同，在于花白色。

● 夏枯草

● 白花夏枯草

野芝麻

Lamium barbatum 唇形科野芝麻属

别名：野油麻、山麦胡、地蚤

形态特征：多年生草本，高30～100 cm。具匍匐根茎，茎四棱，中空。叶对生，卵状披针形，缘有锯齿。轮伞花序4～14朵花，生于茎上部叶腋。花冠白色，冠檐二唇形，上唇弓状内屈。花期4—5月。

分布习性：广布于全国各地，日本、朝鲜也有。生于林下、林缘或溪边、路旁。喜阴湿环境。

繁殖栽培：播种繁殖。管理粗放。

园林应用：生性强健，株形整齐，宜作林下地被。

同属常见栽培应用的有：

花叶野芝麻 *Lamium galeobdolon* 'Variegata'：

叶面上有白色斑纹。耐阴，不甚耐旱，较耐热。近年来长三角地区有引种栽培，是表现优良的彩叶地被。

花叶野芝麻 花

花叶野芝麻 叶

野芝麻

羽叶薰衣草

Lavandula pinnata 唇形科薰衣草属

形态特征：多年生草本，高约50 cm。叶二回羽状深裂。轮伞花序组成顶生的穗状花序，长约10 cm，花淡紫色或紫色，小花上唇较大。花期6—8月。

分布习性：原产地中海沿岸，耐高温，多雨。

繁殖栽培：以剪取顶端枝条扦插繁殖为主，也可播种繁殖。

园林应用：叶片细腻，花朵整齐密集，花开四季。可片植作地被，也可布置花境、庭园。

● 羽叶薰衣草

百里香

Thymus vulgaris 唇形科百里香属

别名：地椒、地姜、千里香

形态特征：亚灌木，高约20 cm。植株具香味。茎基部匍匐，上部直立，多分枝。叶对生，卵圆形。头状花序，花小密集，粉红色、紫红色，花冠唇形。花期6—8月。

● 百里香 叶

分布习性：分布于东北、华北地区。喜凉爽和干燥的环境，喜阳，耐寒，耐旱，忌高温高湿。

繁殖栽培：播种、分株或扦插繁殖。种植不宜过密，雨季注意排水。

园林应用：植株矮小，枝叶繁茂，覆盖性强，宜作地被植物，或布置岩石园、庭院，也可作花境镶边材料。

● 百里香

黄芩

Scutellaria baicalensis 唇形科黄芩属

别名：山茶根、黄芩茶、土金茶根

形态特征：宿根草本，高30~70 cm。根状茎肥厚，肉质。茎四棱，基部多分枝。叶对生，披针形，几无柄。总状花序顶生，花偏向一侧，唇形，蓝紫色。花期6—9月。

分布习性：产于华北和东北地区。喜阳，耐寒，耐旱，忌水涝，以中性和微碱性沙质壤土为好。

繁殖栽培：播种繁殖，种子成熟期不一致，且易脱落，需随熟随采。也可剪取根茎进行分株繁殖。

园林应用：花朵密集，花期长，可片植作地被植物。

同属常见栽培应用的有：

印度黄芩 *Scutellaria indica* （别名：韩信草）：

多年生草本，全体被毛，高10~37 cm。叶对生，圆形、卵圆形或肾形。花轮有花2朵，集成偏侧的顶生总状花序。花冠紫色。花期4—5月，果期6—9月。生长于路边、山坡。分布于我国中部、东南部至西南各地。

● 黄芩

● 印度黄芩

荆芥

Nepeta cataria 唇形科荆芥属

别名：香荆荠、线荠、四棱杆蒿

形态特征：多年生草本，高40～100 cm，被白色短柔毛。叶对生，卵状披针形，缘有锯齿。聚伞花序二歧分枝，再组成圆锥花序。具叶状苞片，花冠淡紫色，上唇浅凹，下唇有紫色斑点。花期6—8月。

分布习性：分布于欧亚大陆，现世界各地均有栽培。喜温暖气候，光照充足，亦耐半阴，耐寒，耐旱，适于碱性土壤。

繁殖栽培：播种或取花前嫩枝扦插繁殖。

园林应用：小花淡紫色，且具特殊气味，宜作地被植物，也可布置庭院的花境，或点缀岩石园。

● 荆芥 花

● 荆芥

穗花婆婆纳

Veronica spicata 玄参科婆婆纳属

● 穗花婆婆纳 花

形态特征：多年生草本，高30～60 cm。枝直立或斜展，丛生性强，全株被毛。单叶对生，披针形，缘有细锯齿，近无柄。总状花序，小花蓝紫色，筒状唇形。雄蕊紫色，极长。花期6—8月。

分布习性：原产于北欧及亚洲温带地区。喜阳光充足和凉爽的环境，也耐半阴，极耐寒。

繁殖栽培：播种、分株或扦插繁殖。花后及时剪除残花，可延长花期。

园林应用：株形紧凑，花序挺拔细长，小花密集，花期恰是夏季少花季节，是布置花境的优良材料，也可作地被。

同属常见栽培应用的有：

朝鲜婆婆纳 *Veronica rotunda* var. *coreana*：

高达60 cm，具根状茎。叶对生，卵形，无柄，半抱茎。总状花序顶生，花蓝色。花果期7—10月。分布于我国浙江、安徽、河南、山西、辽宁等地，朝鲜也有。

● 穗花婆婆纳

红花钓钟柳

Penstemon barbatus 玄参科钓钟柳属

别名：草本象牙红

形态特征：株高达100 cm，全株几无毛。叶披针形至线形，全缘。圆锥花序顶生，花冠两唇显著，红色，花冠筒长约2.5 cm，下唇反卷有毛。花期5—7月。

分布习性：原产于美国及墨西哥。喜温暖、湿润的环境，喜阳亦耐半阴，耐旱，忌酷暑。

繁殖栽培：分株、扦插或播种繁殖。管理简易粗放。

园林应用：基生叶常绿，花序醒目，适合布置花境，或带状植于林缘。

● 红花钓钟柳

红花钓钟柳

球花马蓝

Trobilanthes pentstemonoides 爵床科马蓝属

● 菜头肾

别名：温大青

形态特征：多年生草本，高30~100 cm。茎多分枝，暗紫色，节膨大。叶对生，椭圆形，上部各对叶常一大一小。花2~4朵集成头状花序，1~3朵生于总花梗上。花冠漏斗形，稍弯曲，长约4 cm，紫红色。雄蕊二强。花期8—10月。

分布习性：分布于我国西南、浙江、广西及湖北等地，越南、印度也有。生于山坡林下、沟谷溪旁等阴湿处。

繁殖栽培：播种或分株繁殖。

园林应用：宜作林下阴湿处地被。

同属常见栽培应用的有：

菜头肾 *Strobilanthes sarcorrhizus*（别名：肉根马蓝、土太子参）：

高20~40 cm，根肉质。叶对生，披针形，基部楔形下延成柄。穗状花序顶生，花冠漏斗形，长3.5~4.5 cm，淡紫色。花期7—8月。

● 球花马蓝

白接骨

Asystasiella chinensis 爵床科白接骨属

别名：橡皮草、止血草

形态特征：多年生草本，高40～100 cm。根状茎白色。叶对生，椭圆形，常下延至叶柄。总状花序顶生，花冠淡紫红色，漏斗状，先端5裂，花冠筒细长，约3 cm。雄蕊4枚，着生于花冠喉部。花期7—10月。

分布习性：广布于我国东南至西南部地区，印度、越南、缅甸也有。耐阴湿。

繁殖栽培：分株繁殖。

园林应用：宜成片栽植于林下阴湿处。

●白接骨

蛇根草

Ophiorrhiza iaponica 茜草科蛇根草属

别名：日本蛇根草

形态特征：多年生草本，高20～40 cm。茎直立或基部匍匐，茎叶淡紫红色。叶对生，椭圆形，全缘。聚伞花序顶生，二歧分枝，有花7～20朵。花冠漏斗状，先端5裂，白色。种子小，多数。花期3—4月。

分布习性：分布于我国长江以南各地区，越南、日本也有。生于山坡路旁、溪边、岩石上或林下阴湿处。

繁殖栽培：播种或扦插繁殖。

园林应用：植株低矮，春季白花成片，宜作林下地被。

●蛇根草

五星花

Pentas lanceolata 茜草科五星花属

●五星花

别名：繁星花、埃及众星花

形态特征：常绿草本或亚灌木，高30～70 cm。多分枝。叶对生，草质，长椭圆形。聚伞花序顶生，小花密集，花冠高脚碟状，先端5裂呈星形，花色丰富。花期夏、秋季。

分布习性：原产于非洲热带和阿拉伯南部。喜强光，耐高温，较耐旱。

繁殖栽培：扦插繁殖为主，在春、夏季选用未开花的嫩枝扦插。

园林应用：花朵密集，花形别致，且花色丰富，花期长，宜布置花境，或片植作地被。

●五星花

沙参

Adenophora strica 桔梗科沙参属

形态特征：多年生草本，高40～80 cm。根膨大呈圆柱形。基生叶心形，大而具长柄。茎生叶狭卵形，无柄。假总状花序，花梗极短，花冠宽钟形，下垂，先端5浅裂，蓝色或紫色。花期8—10月。

分布习性：产于我国华东、华中、华北等地，日本也有。喜冷凉的气候，喜光，耐寒，夏季忌高温多湿。

繁殖栽培：播种或分株繁殖。栽培管理粗放。

园林应用：花形别致，适合片植于林缘，也可布置岩石园。

●沙参

蹄叶橐吾

Ligularia fischeri 菊科橐吾属

形态特征：多年生草本，高50～70 cm。叶纸质，基生叶肾形，具长柄，无翼，边缘有小尖齿。茎生叶2～4枚，较小，叶柄具宽翼抱茎。头状花序排列呈总状。花果期6—8月。

分布习性：产于西南、华东地区，常生于山坡溪岸。喜半阴、湿润的环境，耐寒。

繁殖栽培：播种和分株繁殖，扦插繁殖成活率低。

园林应用：叶片硕大，花序美丽，宜作林下地被，也可点缀花境。

● 蹄叶橐吾 叶

● 蹄叶橐吾

刺儿菜

Cephalanoplos segetum 菊科蓟属

别名：小蓟

形态特征：多年生草本，高30～80 cm。根状茎匍匐，细长，有多数不定根。叶长椭圆形，缘有锯齿，齿端具针刺，两面绿色，无柄。头状花序常单生茎端，雌雄异株，小花紫红色，全部为管状花。花果期4—7月。

分布习性：几乎遍布我国各地，欧洲、朝鲜、日本广为分布。生于田埂、路旁或荒地。

繁殖栽培：以根芽繁殖为主，也可播种繁殖。再生力极强，管理粗放。

园林应用：繁殖力极强，虽为常见杂草，但花序美丽，可作地被植物。

● 刺儿菜

大滨菊

Leucanthemum maximum 菊科滨菊属

● 大滨菊

形态特征：宿根草本，高40～100 cm。全株无毛，基生叶簇生，匙形，长达30 cm，具长柄，叶缘具粗齿。茎生叶较小，披针形。头状花序单生，直径6～10 cm，芳香。舌状花白色，管状花黄色。花期5—8月。

分布习性：原产于西欧，现我国各地广为栽培。喜阳光充足的环境，亦耐半阴，耐干旱瘠薄，耐寒性强，在长江流域冬季基生叶常绿。

繁殖栽培：以分株和扦插繁殖为主。花后剪除地上部分，有利于基生叶的萌发。

园林应用：植株挺拔，花枝繁茂，头状花序大而洁白芳香，花期长，是优良的花境背景材料，或植于疏林边缘作地被。

● 大滨菊

大花金鸡菊

Coreopsis grandiflora 菊科金鸡菊属

●大花金鸡菊

形态特征：多年生常绿草本，高30～60 cm。茎多分枝。基生叶匙形，茎生叶全部或有时3～5裂。头状花序单生，直径4～6 cm，具长梗，黄色，舌状花通常8枚，园艺品种有重瓣者。花期6—10月。

分布习性：原产于北美。适应性极强，喜光，亦耐半阴，耐寒，耐热，耐旱，耐瘠薄。

繁殖栽培：播种繁殖为主，能自播繁衍。重瓣品种扦插繁殖。水肥不宜过大。

园林应用：冬叶常绿，花朵繁盛绚丽，花期长，且生性强健，是优良的观花地被植物，可与其他植物混播布置野生花卉园，也可布置花境，或作边坡绿化。

●大花金鸡菊 重瓣

大吴风草

Farfugium japonica 菊科大吴风草属

形态特征：宿根草本，高30～70 cm，根茎粗壮。叶基生，莲座状，具长柄，基部鞘状抱茎，幼时被淡黄色柔毛，叶片肾形，近革质。茎生叶1～3枚，苞叶状。头状花序排成疏散伞房状，花径4～6 cm，黄色。花期8—12月。

分布习性：原产于我国东部地区，日本和朝鲜也有。喜湿润和半阴的环境，忌强光直射，耐寒。

繁殖栽培：分株、扦插和播种繁殖。栽培管理较粗放，每2～3年分株更新1次。

园林应用：叶片硕大，深绿，有光泽，花期恰逢秋冬少花季节，且生性强健，适宜大面积种植作林下地被，也可植于林边阴湿处、溪沟边、岩石旁。

同属常见栽培应用的有：

①斑点大吴风草 *Farfugium japonica* 'Aureo-maculatum'：

叶面泛布黄色斑点，更具观赏性。

②银斑大吴风草 *Farfugium japonica* 'Argentea'：

叶缘有不规则银白色斑块。

● 大吴风草 果序

● 大吴风草 花

●银斑大吴风草

●斑点大吴风草

堆心菊

Helenium autumnale 菊科堆心菊属

别名：翼锦鸡菊

形态特征：多年生草本，高30～90 cm。叶互生，披针形至线形。头状花序单生茎顶或伞房状着生，花径3～5 cm。舌状花黄色，花瓣阔，下垂，先端有缺刻。管状花密集成半球形，黄色、褐色。花期6—9月。

分布习性：原产于美国、加拿大。喜温暖、向阳的环境，耐寒，耐旱。

繁殖栽培：播种或分株繁殖。可摘心几次，促进分枝。花谢后修剪可使花蕾形成以延长花期。

园林应用：在园林中多丛植布置花境，也可大面积种植作地被。

堆心菊

黑心菊

Rudbeckia hybrida　菊科金光菊属

　　别名：黑心金光菊

　　形态特征：多年生草本，高60～100 cm，全株被粗毛。叶长椭圆形，具粗齿。头状花序单生，径10～15 cm。舌状花金黄色，有些基部具棕色环带。管状花深褐色，聚集呈半球形突起。花期5—9月。

　　分布习性：原产于美国东部。喜向阳、通风的环境，耐寒，耐旱，忌水湿。适应性强，有自播习性。

　　繁殖栽培：播种、分株或扦插繁殖。花后及时剪除残枝，促使侧枝生长，延长花期。

　　园林应用：花朵硕大，色彩鲜艳，花期长，宜作花境的背景材料，亦可丛植、群植在建筑物前或林缘。

黑心菊

黑心菊

黑心菊

荷兰菊

Aster novi-belgii 菊科紫菀属

● 荷兰菊

别名：柳叶菊、纽约紫菀、荷兰紫菀、红滨菊

形态特征：宿根草本，高50～100 cm。茎丛生，分枝多。基生叶长椭圆形，缘有锯齿。茎生叶线状披针形，近全缘，基部略抱茎。头状花序单生，径约2.5 cm，密集成伞房状。舌状花蓝紫色、白色及桃红等色。花期6—11月。

分布习性：原产于北美，现广泛栽培于北半球温带地区。喜向阳、通风良好的环境，适应性强，耐寒、耐旱，夏季忌干燥。

繁殖栽培：播种、扦插、分株繁殖均可。

园林应用：花朵繁茂，花色多，花期长，是优良的园林景观布置材料。可布置于花坛、花境，也可片植作阳性地被。

● 荷兰菊

● 荷兰菊

● 荷兰菊

菊花脑

Dendranthema indica 菊科菊属

别名：菊花菜、菊花叶、路边黄、黄菊仔

形态特征：宿根草本，高30～50 cm，分枝性强。叶椭圆状卵形，叶缘具粗锯齿或2回羽状深裂。头状花序生于枝顶，花径0.6～1 cm，聚集成圆锥状，黄色。花期9—11月。

分布习性：在南京地区有悠久的栽培历史。耐寒，耐阴，耐干旱瘠薄，忌高温多湿。

繁殖栽培：播种、扦插或分株繁殖。

园林应用：生性强健，秋季花开成片，是优良的地被植物，也可作护坡绿化。

菊花脑

蓝雏菊

Felicia amelloides 菊科费利菊属

形态特征：多年生草本或亚灌木，高30～60 cm。叶对生，倒卵形，被糙伏毛。头状花序顶生，具长梗，花径约3 cm。舌状花蓝色，管状花黄色。花期4—6月。

分布习性：原产于南非。喜温暖、光照充足的环境，不耐寒，宜栽在排水良好的土壤中。

繁殖栽培：播种或扦插繁殖。花后剪除残花可再开花，延长花期。

园林应用：花序挺出叶丛，花开整齐，花朵秀丽，花期长，可作地被或布置花境。

● 蓝雏菊

木茼蒿

Argyranthemum frutescens 菊科木茼蒿属

● 木茼蒿 玛格丽特

别名： 玛格丽特、木春菊、蓬蒿菊、茼蒿菊

形态特征： 多年生草本或亚灌木，高30～60 cm，全株光滑，多分枝。叶2回羽裂。头状花序多数，在枝端排成不规则伞房状，径约5 cm，具长梗。舌状花白色或淡黄色或淡紫色，管状花黄色，有单、重瓣之分。花期12月至翌年5月。

分布习性： 原产于南欧。喜温暖湿润的气候，喜阳，不耐寒，忌高温多湿。

繁殖栽培： 剪取嫩枝扦插繁殖。生长期间可摘心几次，促进多分枝。夏季注意遮阴排水。

园林应用： 品种甚多，叶片纤细，花朵秀丽，且花期长，宜布置花境，也可作切花或地被。

● 木茼蒿

● 木茼蒿 单瓣

● 木茼蒿

蒲公英

Taraxacum mongolicum 菊科蒲公英属

● 蒲公英 花

形态特征：多年生草本，高约25 cm。全株有乳汁，主根圆锥形。叶基生，呈莲座状，倒披针形，羽裂。头状花序单生，径约3.5 cm，黄色，全部为舌状花。冠毛白色。花期3—6月。

分布习性：产于全国各地，广泛生于山坡草地、路边、田野。喜光照充足，耐寒。

繁殖栽培：播种繁殖，自播能力强。

园林应用：植株低矮，适应性极强，宜作春季观花地被，也可布置缀花草坪。

● 蒲公英

千叶蓍

Achillea millefolium 菊科蓍属

● 千叶蓍 叶

别名： 西洋蓍草、欧蓍草

形态特征： 宿根草本，高40～90 cm。根状茎匍匐细长。叶无柄，披针形，2～3回羽状全裂。头状花序多数，密集成复伞房状。舌状花5朵，白色、桃红色、粉红色或淡紫红色，顶端2～3齿。管状花黄色。花果期5—8月。

分布习性： 原产于欧洲、西亚、非洲北部，在北美广泛归化。喜光照充足的环境，亦耐半阴，耐寒，耐干旱瘠薄。

繁殖栽培： 多分株繁殖，也可扦插或播种。花后实行强剪，再补给水肥，能再萌发新枝，延长花期。

园林应用： 因其品种多、花色丰富、花期长、适应性强等特点，在园林中广泛应用。可成片栽植形成地被，带状种植或丛植作花境中主景，矮小品种可布置岩石园。

● 千叶蓍

● 千叶蓍

● 千叶蓍

宿根天人菊

Gaillardia aristata 菊科天人菊属

　　形态特征：多年生草本，高60～90 cm，全株密被粗硬毛。基部叶长椭圆形或匙形，全缘至羽裂。上部叶披针形，全缘。头状花序单生，直径7～10 cm。舌状花黄色，基部紫色，3齿裂。管状花紫红色。花期5—10月。

　　分布习性：原产于北美西部地区，现各国广泛栽培。喜光照充足，耐干旱炎热，耐寒。

　　繁殖栽培：分株、播种或扦插繁殖。

　　园林应用：花姿娇娆，色彩艳丽，花期长，可用于布置花坛、花境和庭院，也可丛植或片植于林缘和草地中作地被。

• 宿根天人菊
• 宿根天人菊
• 宿根天人菊
• 宿根天人菊

兔儿伞

Syneilesis aconitifolia 菊科兔儿伞属

形态特征：多年生草本，高70～120 cm，根茎粗壮。基生叶1枚，幼时伞形，下垂。茎生叶圆盾形，掌状分裂，下面灰白色。头状花序在茎端排成复伞房状，分枝开展，小花淡红色，管状。花期6—7月。

分布习性：分布于我国东北、华北、华东地区，亚洲其他地区和欧洲也有分布。耐阴，耐寒。

繁殖栽培：播种繁殖。管理粗放。

园林应用：叶子如伞，是优良的观叶地被植物。

● 兔儿伞

● 兔儿伞

● 兔儿伞

旋覆花

Inula japonica 菊科旋覆花属

● 旋覆花

形态特征：多年生草本，高30～60 cm。基部叶花期枯萎，中上部叶长椭圆形至披针形，基部渐狭或半抱茎，边缘平直。头状花序排成伞房花序，花径3～4 cm。舌状花黄色，线形，管状花黄色，多数密集。花期7—10月。

分布习性：我国分布广泛。耐寒，耐瘠薄，耐旱，耐湿。有自播习性。

繁殖栽培：春季播种或分切根状茎繁殖。

园林应用：生命力强，是优良的观花地被植物，也可布置岩石园和野生花卉园。

● 旋覆花

紫松果菊

Echinacea purpurea 菊科紫松果菊属

别名： 紫锥花

形态特征： 宿根草本，高60～150 cm，全株密被刚毛。基生叶卵形，茎生叶卵状披针形，略抱茎。头状花序单生或数朵聚生。舌状花一轮，紫红色，稍下垂。管状花黑紫色，盛开时橙黄色，突出呈球形。花期6—10月。

分布习性： 原产于美国中部地区，现世界各地广泛栽培。喜温暖、光照充足的环境。耐寒耐旱，也耐半阴。

繁殖栽培： 播种、分株或扦插繁殖。花后及时剪除残花，可延长花期。

园林应用： 花朵大而艳丽，花期长，适宜布置野生花卉园或自然式丛植于庭院。因其植株高大粗壮，在花境中宜作背景材料。

紫松果菊

紫松果菊

紫松果菊

紫松果菊

●紫松果菊

杜若

Pollia japonica 鸭跖草科杜若属

别名：地藕、竹叶莲、山竹壳菜

形态特征：多年生草本，株高50～90 cm，茎直立或基部匍匐。叶常聚集于茎顶，椭圆形或长圆形，顶端渐尖，基部渐狭，暗绿色，表面粗糙。轮生的聚伞花序组成顶生圆锥花序。花瓣白色或紫色。果圆球形，成熟时暗蓝色或黑色。花期6—7月，果期8—10月。

分布习性：我国长江以南各地有分布，生长于山谷林下阴湿处。耐阴湿，不择土壤。

繁殖栽培：分株或播种繁殖。

园林应用：林下耐阴湿观叶植物。可在常绿树林下成片种植，也可在阴湿的山坡或沟地种植。

●杜若

毛萼紫露草

Tradescantia virginiana　鸭跖草科紫露草属

● 毛萼紫露草

形态特征：多年生半常绿草本，株高40～50 cm。茎直立，粗壮。单叶互生，叶线形或线状披针形，具叶鞘。伞形花序顶生，数朵花簇生在枝顶端。花蓝紫色，清晨开放，中午闭合，次日重开。园艺品种众多，花色多，有蓝色、淡蓝色、红色、白色等。花期4—10月。

分布习性：原产于南北美，我国南北各地广为栽培。喜凉爽、湿润气候，耐寒性较强。耐贫瘠和偏碱性的土壤，适应性强，在阳光下或稍阴处都能生长，庇荫处生长易倒伏。

繁殖栽培：扦插或分株繁殖。扦插繁殖在5—6月进行，分株繁殖在3—5月或9—10月进行。

园林应用：适应性强，花期长，是良好的观花观叶地被植物。可布置花坛、花境，或作地被植物片植于林缘、路边或背阴处、林荫下。

● 毛萼紫露草

紫锦草

Setcreasea pallida 鸭跖草科紫竹梅属

别名：紫竹梅

形态特征：多年生常绿草本，株高20～30 cm。茎紫褐色，初时直立，后匍匐地面，茎长达50 cm，多分枝。叶披针形或长圆形，卷曲状，紫红色，叶背具细线毛。聚伞花序短缩成头状花序，花瓣淡紫色。花期5—11月。

分布习性：原产于墨西哥，我国各地均有栽培，在北方地区为温室花卉，在长江以南地区可露地栽培。喜温暖、湿润的环境，稍耐阴，耐旱，耐湿。光照适应性强，强光或荫蔽处均可良好生长。光照强烈时叶色浓紫色，荫蔽处褐绿色。在腐殖质肥厚的土壤中生长健壮。

繁殖栽培：扦插或分株繁殖。扦插在5—6月进行，种植2～3年后分栽1次。

园林应用：观叶地被植物。可群植于草坪作色块，也可布置花坛或作镶边材料。

● 紫锦草

蜘蛛抱蛋

Aspidistra elatior 百合科蜘蛛抱蛋属

别名：一叶兰、箬兰

形态特征：多年生常绿草本，根状茎横生。叶单生于根状茎的各节，近革质，叶片近椭圆形至长圆状披针形，先端急尖，基部楔形，两面绿色，叶柄粗壮。总花梗从根状茎中抽出，花梗短。花与地面接近，紫色，肉质，钟状。花期5—6月。

分布习性：我国南北各地均有栽培，在北方地区为室温栽培，在长江以南地区可露地种植。喜凉爽，稍耐水湿，不耐干旱，耐寒冷，极耐阴。宜生长于疏松、肥沃的沙质壤土。

繁殖栽培：分株繁殖，在春秋季进行。3～4年分栽1次。分栽时取2～3芽为一丛另行栽植，每丛中都应有新芽。栽培时要庇荫，阳光直射可导致叶片灼伤，生长不良。

园林应用：盆栽观赏花卉，是室内盆栽和插花艺术中极好的观叶和造型材料，也可在庭院树阴下丛植或散植，或在阴湿的林下片植。

同属常见栽培应用的有：

洒金蜘蛛抱蛋 *Aspisdistra elatior* 'Punctata'：
叶面上有金黄色斑点。

● 蜘蛛抱蛋

● 洒金蜘蛛抱蛋

● 蜘蛛抱蛋 花

紫萼

Hosta ventricosa　百合科玉簪属

别名：紫玉簪

形态特征：多年生草本，株高30～50 cm。根状茎粗短。叶丛生，阔卵形，叶柄边缘常下延成翅状。总状花序，着花10朵以上，花淡紫色，蒴果筒状。花期6—8月，果期8月。

分布习性：分布于我国河北、陕西、华东、中南、西南各地，日本也有分布。阴性植物，喜温暖、湿润的环境，较耐寒，入冬后地上部分枯萎，休眠芽露地越冬，喜肥沃、湿润、排水良好的沙质土壤。

繁殖栽培：春、秋季分株繁殖为主，也可播种繁殖。

园林应用：广泛应用于城市环境绿化，常片植于常绿林下或落叶林下，在疏林或密林下种植均生长良好，也可在林缘或石头边种植。

● 紫萼

● 紫萼 花

玉簪

Hosta plantaginea 百合科玉簪属

● 花叶玉簪 叶

● 花叶玉簪 花

别名：玉春棒、白鹤花、玉泡花、白玉簪

形态特征：多年生草本，株高30～50 cm。株丛紧密。根状茎粗大，多须根。叶基生，卵形至心形，叶脉呈弧形，具长柄。花葶自叶丛中抽出，高45～75 cm。总状花序顶生，花漏斗状，纯白色，芳香。蒴果黄褐色。花期6—7月，果期8—9月。

分布习性：我国长江流域地区有分布，日本也有。喜阴湿环境，耐寒，忌阳光直射，不择土壤，但在排水良好、肥沃湿润的沙质壤土中生长繁茂。

繁殖栽培：分株繁殖为主。早春或晚秋分栽。

园林应用：清秀挺拔，花开时幽香四溢，观叶赏花地被植物。宜布置阴湿处花坛或花境，片植于林下或建筑物庇荫处。

● 花叶玉簪

万年青

Rohdea japonica　百合科万年青属

别名：九节莲、冬不凋

形态特征：多年生常绿草本，株高40～50 cm。根状茎短粗。叶丛生，倒阔披针形，全缘，先端急尖，基部渐狭，叶脉突出，叶缘波状。穗状花序花葶短于叶丛，花小密集，球状钟形，花淡绿白色。浆果球形，鲜红色，经久不凋。花期6—7月。

分布习性：我国长江中下游地区及山东省有分布。喜温暖、半阴湿及湿润的环境，稍耐寒，忌强光照射。宜种植在疏松、肥沃的微酸性土壤中。长江流域可露地越冬。

繁殖栽培：分株繁殖。

园林应用：耐阴湿，是林下极好的耐阴湿观叶地被植物。

● 万年青盆栽

● 万年青　果实

沿阶草

Ophiopogon japonicus 百合科沿阶草属

● 沿阶草

别名：书带草、麦冬

形态特征：多年生草本。须根中部或近末端常膨大呈椭圆形或纺锤形的小块根，根状茎粗短，具地下走茎，茎不明显。叶基生，线形，边缘具细锯齿。总状花序稍下弯，花葶短于叶丛，花淡紫色或紫色。种子圆球形，成熟时暗蓝色。花期6—7月，果期7—8月。

分布习性：我国长江以南各地有分布，日本、越南等地也有。生长于山坡林下阴湿处或沟边草地。喜阴湿环境，忌阳光暴晒，不耐盐碱或干旱，耐寒，对土壤要求不严。

繁殖栽培：春播或分株繁殖，分株多在春季进行。

园林应用：耐阴湿观叶地被植物，宜作小径、台阶等镶边材料，也可栽植于树穴，点缀假山岩壁，或成片地栽于林下阴湿处作地被植物。

同属常见栽培应用的有：

①矮生沿阶草 *Ophiopogon japonicus* 'Nanus' （别名：矮麦冬）：多年生常绿草本。植株矮小，高仅5～10 cm，叶丛生，无柄。

②银纹沿阶草 *Ophiopogon intermedius* 'Argenteo-marginatus'：多年生常绿草本。深绿色，叶上具有许多粗细不一的白色纵向条纹。

● 银纹沿阶草

● 矮生沿阶草

宿根鸢尾

Iris sp. 鸢尾科鸢尾属

　　形态特征：多年生草本，株高40～60 cm，无地下鳞茎。单叶丛生，叶形为长披针形，先端尖细，基部为鞘状，叶片长出6～7枚，抽出单一花茎。总状花序有花1～3朵。花蝶形，花色有白色、蓝色及深紫色。花期4—5月。

　　分布习性：原产于地中海地区，现我国各地均有栽培。

　　繁殖栽培：播种或分株繁殖。

　　园林应用：可植于林缘或溪畔河边。

　　同属常见栽培应用的有：

　　银边鸢尾 *Iris* sp.：叶缘银白色。

宿根鸢尾　花

银边鸢尾

宿根鸢尾

蝴蝶花

Iris japonica 鸢尾科鸢尾属

　　别名：日本鸢尾、扁竹根

　　形态特征：多年生草本。根茎匍匐状，有长分枝。叶多自根生，2列，剑形，扁平，先端渐尖，下部折合，上面深绿色，背面淡绿色，全缘，叶脉平行，中脉不显著，无叶柄。春季叶腋抽花茎。花多数，淡蓝紫色，排列成稀疏的总状花序。蒴果长椭圆形，有6线棱。种子多数，圆形，黑色。花期4—5月，果期5—6月。

　　分布习性：原产于我国长江以南广大地区，日本也有分布。多生于林下、溪旁阴湿处。喜温暖、湿润、半阴环境，耐阴，耐寒，适应性强。

　　繁殖栽培：可采用分株或播种繁殖，每2～3年分株1次。

　　园林应用：为优良耐阴观花地被。适宜片植于阴湿疏林下或山坡水际，常栽植花坛或林中作地被植物。

蝴蝶花

地涌金莲

Musella lasiocarpa　芭蕉科地涌金莲属

● 地涌金莲　花

别名：千瓣莲花

形态特征：多年生草本，高1 m以下。地上部分由叶鞘层层重叠、形成螺旋状排列。叶片浓绿色，长椭圆形，形似芭蕉叶，长约50 cm，宽可达20 cm。花序直立，直接生于假茎上，密集成球穗状。苞片黄色，宿存。花期较长，可达250天左右。

分布习性：原产于我国云南省，四川省也有分布。喜温暖、湿润的环境，耐半阴。

繁殖栽培：分株、播种繁殖。种子宜随采收随播种。北方地区只宜盆栽。

园林应用：花形奇特，观赏价值高，可应用于花坛、花境等处。

● 地涌金莲

姜花

Hedychium coronarium 姜科姜属

● 姜花

形态特征：多年生草本，株高1~2 m。有根状茎、直立茎之分。叶互生，长圆状披针形，具叶舌，叶背具细柔毛，无柄。穗状花序顶生，苞片4~6枚，覆瓦状排列，每片内着花2~3朵。花白色，芳香，花冠筒细长，裂片披针形，喉部1枚花被兜状。退化雄蕊侧生花瓣状。花期8—11月。

分布习性：分布于我国长江以南各地，印度、越南也有分布。喜温暖、湿润的环境。耐阴不耐寒。在肥沃的微酸性土壤中生长良好。翌年4月中下旬萌芽，花期一直可延续至霜降。

繁殖栽培：分株繁殖。春季分栽地下根状茎。

园林应用：耐阴湿观花观叶地被植物。特别适宜居住区内种植，可布置庭院、高大建筑物阴面，片植于墙角。

● 姜花

山姜

Alpinia japonica　姜科山姜属

　　形态特征：多年生草本，株高40～80 cm。具根状茎，茎直立，丛生。叶互生，二列状，叶片宽披针形或长椭圆状倒披针形，基部狭窄。总状花序顶生于有叶的茎顶。苞片披针形，开花时脱落。花白色带红，成对着生于密被绒毛的花序轴上。果实宽椭圆形，成熟时红色。花期5—6月。

　　分布习性：我国长江以南地区有分布。喜温暖、湿润的环境，耐半阴，在肥沃的土壤中生长良好。

　　繁殖栽培：分株繁殖，在春秋季进行，栽培时适当遮阴，及时浇水保持湿润。

　　园林应用：耐阴湿观叶观花地被植物。可布置花境、庭院，片植于高大建筑物阴面或林下，也可丛植于石头旁。

●山姜

●山姜 果实

●山姜 花

●山姜 花

艳山姜

Alpinia zerumbet 姜科山姜属

● 艳山姜 果实

别名：熊竹兰、月桃

形态特征：根茎横生。叶片革质，有短柄，矩圆状披针形，表面深绿色，背面淡绿色，边缘有短柔毛。圆锥花序似总状花序，下垂。苞片白色，顶端及基部粉红色，花萼近钟形，花冠白色。花期6—7月。

分布习性：分布于印度及我国南部，我国福建、广东、台湾等地也有分布。喜高温、多湿的环境，不耐寒，怕霜雪，喜阳光又耐阴，宜在肥沃而保湿性好的土壤中生长。花期6—7月。

繁殖栽培：分株繁殖。春、夏季挖出地下根茎，剪去地上部分茎叶，割取根茎分栽。

园林应用：叶色秀丽，花姿雅致，花香诱人，盆栽适宜厅堂摆设。室外栽培点缀庭院、池畔或墙角，别具一格，也可作切叶。

同属常见栽培应用的有：

花叶艳山姜 *Alpinia zerumbet* 'Variegata'：

叶面以中脉为轴、两侧布有羽毛状黄色斑纹。

● 花叶艳山姜

● 艳山姜

球根花卉

球根花卉（Bulbs）是指植株地下部分储存大量养分，发生变态膨大成球状或块状，偶尔也包括少数地上茎或叶发生变态膨大者。根据球根的来源和形态可分为：

鳞茎类：如百合。

球茎类：如唐菖蒲。

块茎类：如马蹄莲。

根茎类：如鸢尾。

块根类：如花毛茛。

由于球根花卉习性分布与栽培管理自成体系，且观赏品种众多，本书单列一类。

乌头

Aconitum carmichaeli 毛茛科乌头属

● 乌头

别名：五毒根

形态特征：多年生草本，高60～150 cm。块根倒圆锥状。叶片五角形，革质，3全裂。总状花序顶生，萼片5枚，花瓣状，蓝紫色，花瓣2枚，无毛。花期9—10月。

分布习性：分布于我国长江流域地区，生于山坡、草地或灌丛中。喜冷凉和半阴的环境，耐寒。夏季忌炎热暴晒。

繁殖栽培：常剥下块根周围的侧根分栽繁殖。雨季注意排水。

园林应用：花形奇特，适宜布置花境，或片植于疏林下作地被。

● 乌头

紫叶山酢浆草

Oxalis triangularis 酢浆草科酢浆草属

别名：三角叶酢浆草、三角紫叶酢浆草、紫蝴蝶

形态特征：多年生常绿草本，高15～30 cm。叶基生，三小叶，宽倒三角形，顶端凹陷，紫色，部分品种的叶片内侧镶嵌蝴蝶状的紫黑色斑块。伞房花序，5～8朵，淡紫色。花期4—12月。

分布习性：原产于热带美洲。喜半阴的环境，稍耐寒，较耐阴，忌强光直射，畏积水。

繁殖栽培：以分株繁殖为主，掰开地下根茎分植，也可切成小块分植，有极强的分生能力。

园林应用：叶片紫色，观赏期长，是一种优良的彩叶地被植物。

● 紫叶山酢浆草

同属常见栽培应用的有：

①红花酢浆草 *Oxalis rubra*：

多年生常绿草本，高20～35 cm，全株被细柔毛。具球形根状茎，一至数个层叠。叶基生，三出复叶，小叶倒心形。聚伞花序近伞形状，花径约1.6 cm，红色，花瓣内面基部较深，有深色脉纹。花期4—11月。原产于南美。

②白花酢浆草 *Oxalis rubra* 'Alba'：

花白色，形态同红花酢浆草。

③多花酢浆草 *Oxalis corymbosa*（别名：紫花酢浆草）：

高约30 cm，全株光滑。根肉质，圆锥状，半透明。叶基生。聚伞花序呈复伞形状，花径约2.2 cm，紫红色，花瓣内面基部淡绿色，有红色脉纹。花期4—11月。原产于南美洲。

● 白花酢浆草

● 红花酢浆草

天目地黄

Rehmannia chingii 玄参科地黄属

形态特征：多年生草本，高30～60 cm。全株被白色长柔毛，根茎肉质。基生叶莲座状，叶片椭圆形。茎生叶发达，向上逐渐缩小。花单生于叶腋，花冠紫红色，长5.5～7 cm，花冠筒膨大。花期4—5月。

分布习性：分布于我国浙江、安徽等地。生于山坡、路旁草丛中。喜温暖、湿润的气候，耐阴。

繁殖栽培：播种或分根茎繁殖。雨季注意排水。

园林应用：花大艳丽，可作林下地被。

同属常见栽培应用的有：

地黄 *Rehmannia glutinosa*：

高10～30 cm，花在茎端排成总状花序或全部单生于叶腋。花冠长3～4.5 cm，外面紫红色，内面黄色有紫斑，花冠筒狭长。花期4—6月。分布于我国华北、华中、辽宁、江苏，国内广泛栽培。喜阳，耐寒，耐旱，忌积水。

• 天目地黄

• 地黄 花

• 地黄

风信子

Hyacinthus orientalis　百合科风信子属

别名： 洋水仙、西洋水仙、五色水仙、时样锦

形态特征： 多年生草本。鳞茎卵形，有膜质外皮。叶4～8枚，狭披针形，肉质，上有凹沟，绿色有光泽。花茎肉质，略高于叶。总状花序顶生，花5～20朵，横向或下倾，漏斗形。花被筒长、基部膨大，裂片长圆形、反卷。花有紫、白、红、黄、粉、蓝等色，还有重瓣、大花、早花和多倍体等品种。花期3—4月，果期6月。

分布习性： 原产于东欧、南欧、非洲南部、地中海东部沿岸及土耳其小亚细亚一带。我国各地均有栽培。

繁殖栽培： 以分球繁殖为主，也可用鳞茎繁殖。种子繁殖，秋播，翌年2月发芽。

园林应用： 为春季重要球根花卉，花期早，植株低矮整齐，花色明丽，可布置花坛、花境、花丛，也可在疏林边、草地、草坪边自然式成片种植，还可盆栽或作切花观赏。

风信子

风信子

郁金香

Tulipa gesneriana 百合科郁金香属

● 琳马克

别名：洋荷花、旱荷花、草麝香、郁香

形态特征：多年生草本。叶长椭圆状披针形或卵状披针形。花茎高6～10 cm，花单生茎顶，大型直立。花葶长35～55 cm，花鲜黄色或紫红色，具黄色条纹和斑点。花形、花色丰富。花期一般为3—5月，有早、中、晚之别。蒴果扁平，种子多数。

分布习性：原产于地中海南北沿岸、中亚细亚和伊朗、土耳其，东至我国的东北地区。现我国各地均有栽培。

繁殖栽培：常用分球繁殖，以分离小鳞茎法为主，也可秋季露地播种，次年发芽。

园林应用：为世界著名观赏花卉，花朵似荷花，花色繁多，色彩丰润、艳丽，为春季球根花卉，矮壮品种宜布置春季花坛，鲜艳夺目。高茎品种适用于切花或配置花境，也可丛植于草坪边缘。中、矮品种适宜盆栽，点缀庭院、室内及切花等。

● 索贝特

● 紫旗

●雄鹅狂想曲

●莺者

●乔其纱

●郁金香

阔叶山麦冬

Liriope muscari 百合科山麦冬属

别名：阔叶麦冬

形态特征：多年生常绿草本。根状茎粗短，多分枝，局部膨大呈纺锤形或圆矩形小块根。叶丛生，革质，宽线条形，宽5～20 cm。花葶粗壮，高于叶丛。总状花序顶生，长25～40 cm，花多数，4～8朵簇生于苞片腋内，花紫色。种子球形，初期绿色，成熟后黑紫色。花期7—8月，果期9—10月。

分布习性：我国长江以南各地有分布。耐寒，耐阴湿，不择土壤。强光下生长较差。

繁殖栽培：分株或插播繁殖。播种繁殖在种子采收后进行。

园林应用：观叶观花地被植物。可布置岩石园，丛植于树穴，也可植于林下边坡。

同属常见栽培应用的有：

金边阔叶山麦冬 *Liriope muscari* 'Variegata'：

叶边缘有金边，内侧银白色条纹与翠绿色相间。喜光，亦耐阴，不择土壤，为近年来流行的彩叶地被。

•金边阔叶山麦冬 花

•金边阔叶山麦冬

•阔叶山麦冬 花

•阔叶山麦冬

葱兰

Zephyranthes candida 石蒜科葱兰属

● 葱兰 花

别名：葱莲、玉帘、白花菖蒲莲

形态特征：多年生常绿草本，株高15～20 cm。鳞茎卵圆形，颈部细长叶基生，叶片线形，暗绿色。花葶自叶丛一侧抽出，花单生，花被片6枚，椭圆状披针形，白色或外侧略带淡红色，花梗藏于佛焰苞内。花期8—11月。

分布习性：原产于南美，我国各地有栽培。喜光照充足、温暖、湿润的环境，耐半阴，稍耐寒。在排水良好、肥沃的沙壤土中生长良好。

繁殖栽培：分株繁殖。早春分栽球根，2年分栽1次，有利复壮。

园林应用：耐阴湿观花观叶地被植物。可布置花坛、花境，丛植于草坪上或片植于分车带或林缘。园林绿化中常与韭兰混合种植以提高观赏价值。

葱兰

韭兰

Zephyranthes grandiflora 石蒜科葱莲属

● 韭兰 花

形态特征：多年生草本，株高15～25 cm。有地下鳞茎。叶较长，线形，扁平。花漏斗状，筒部显著，粉红色或玫瑰红色。花期5—9月。

分布习性：原产于南美，我国各地有栽培。耐寒性稍差。在排水良好、肥沃的沙壤土中生长良好。

繁殖栽培：分株繁殖。早春分栽球根，每2年分栽1次，有利复壮。

园林应用：耐阴湿观花观叶地被植物。可布置花坛、花境，丛植于草坪上或片植于分车带或林缘。园林绿化中常与葱兰混合种植以提高观赏价值。

● 韭兰

石蒜

Lycoris radiate 石蒜科石蒜属

● 稻草石蒜

● 红花石蒜

别名：红花石蒜

形态特征：多年生球根花卉。鳞茎宽椭圆形或近球形，径2～4 cm。秋季抽叶，叶深绿色，中间有粉绿色带，宽约0.5 cm，钝头。伞形花序，5～7朵。花葶高30～60 cm。花鲜红色，花被管短，裂片狭倒披针形，边缘皱缩，反卷。雄蕊比花被长1倍左右。花期无叶，阴湿处开花早，阳光直晒处开花晚，花期持续1个月左右。花枯萎后抽叶，翌年5月叶枯萎。花期8—9月。

分布习性：分布于我国江浙、安徽等地，日本也有。生长于阴湿的山地路边、山坡、沟边石缝、林缘等地。耐阴也能在全光照下生长；喜湿润，也耐干旱，耐寒性强，耐轻度盐碱，耐贫瘠。在排水良好的土壤中生长健壮。

繁殖栽培：分茎繁殖为主。叶枯萎后，挖出鳞茎另行种植。

园林应用：布置花境或用作林下地被，也可片植于草坪中、灌木丛边、林缘、角落、路旁等地。因开花前有一段时间的观赏空白期且开花时无叶，所以应与其他地被植物混合种植，如麦冬类、吉祥草、葱兰、韭兰等。

同属常见栽培应用的有：

① 中国石蒜 *Lycoris chinensis*：春季出叶，雄蕊和花被略等长，花黄色，叶片中间淡色带明显。

② 稻草石蒜 *Lycoris straminea*：雄蕊比花被长1/3左右，花稻草色，叶片绿色。

③ 乳白石蒜 *Lycoris albifolia*：雄蕊比花被长1/3左右，花白色，叶片深绿色。

④ 玫瑰石蒜 *Lycoris × rosea*：雄蕊比花被长1/6左右，花淡玫瑰红色。

● 乳白石蒜

● 玫瑰石蒜

● 中国石蒜

洋水仙

Narcissus pseudonarcissus 石蒜科水仙属

别名：喇叭水仙、漏斗水仙

形态特征：多年生草本。叶4～6枚，丛生，扁平带形，光滑，灰绿色，具白粉。花葶高20～30 cm，每葶开花一枝。花大，黄色或淡黄色，稍有香味，横向或斜上方开放，花径可达10 cm。副冠黄色，喇叭状边缘呈不规则齿牙状且有皱褶。花期春季。

分布习性：原产于地中海沿岸、法国、英国、西班牙、葡萄牙等地。我国部分城市有零星栽培。喜好冷凉的气候，忌高温多湿，生育适温为10～15 ℃。在我国南方不易培养开花球，每年均由国外进口球根，经短期培养而开花，开花观赏后即可废弃。

繁殖栽培：分球、播种繁殖，一般在秋季进行。播种小鳞茎要培育4～5年才能开花。

园林应用：花形奇特，花色素雅，叶色青绿，姿态潇洒，常用于切花和盆栽，亦适合丛植于草坪中，镶嵌在假山石缝中，或片植在疏林下、花坛边缘。

●洋水仙

●洋水仙

●洋水仙

大花美人蕉

Canna generalis 美人蕉科美人蕉属

● 紫叶美人蕉

别名：兰蕉、红艳蕉

形态特征：多年生球根类花卉，株高1～1.5 m。为多种源杂交的栽培种。地下具肥壮多节的根状茎，地上假茎直立无分枝，全身被白霜。叶大型，互生，呈长椭圆形，叶柄鞘状。顶生总状花序，常数朵至十数朵簇生在一起。花色丰富，有乳白、米黄、亮黄、橙黄、橘红、粉红、大红、红紫等。蒴果椭圆形，外被软刺。花期6—10月。

分布习性：我国南北各地栽培极为普遍。喜阳光充足和温暖、湿润的环境，不耐寒，在华南亚热带地区为常绿植物。对土壤要求不严，但在土层深厚而疏松肥沃、通透性能良好的沙壤土中生长良好。

繁殖栽培：分根繁殖。于早春萌芽前，分割成片段，各带芽眼2～3个，开穴直接栽植露地。

● 紫叶美人蕉 花

● 大花美人蕉

大花美人蕉

园林应用：叶片翠绿，花朵艳丽，花色有乳白、淡黄、橘红、粉红、大红、紫红和洒金等，宜作花境背景或在花坛中心栽植，也可成丛或成带状种植在林缘、草地边缘。矮生品种可盆栽或作阳面斜坡地被植物。

同属常见栽培应用的有：

①紫叶美人蕉 *Canna warscewiczii*：

株高1 m左右，茎叶均紫褐色，总苞褐色，花萼及花瓣均紫红色，瓣化瓣深紫红色，唇瓣鲜红色。

②金叶美人蕉 *Canna generalis* 'Jinnye'：

植株高50~80 cm，有粗壮根状茎，叶宽椭圆形，互生，有明显的中脉和羽状侧脉，镶嵌着土黄、奶黄、绿黄诸色。顶生总状花序，花10朵左右，红色，较陆生美人蕉的花略小。

金叶美人蕉 果实

金叶美人蕉

大花萱草

Hemerocallis hybrida 百合科萱草属

● 大花萱草

形态特征：多年生草本，肉质根茎较短。叶基生，二列状，叶片线形。花葶粗壮，高40～60 cm，花数朵簇生于花葶顶端。伞房花序顶生，花形喇叭状，花色丰富，常见栽培有大红、粉红、黄、白及复色等。花期6—7月。

分布习性：原产于西伯利亚。耐寒性强，耐光线充足，又耐半阴，对土壤要求不严，但以腐殖质含量高、排水良好的湿润土壤为好。

繁殖栽培：分株繁殖为主，在早春或者晚秋进行。

园林应用：可用来布置各式花坛、马路隔离带、疏林草坡等，也可片植于林缘作地被植物，还可利用其矮生特性作地被植物。

● 大花萱草

● 大花萱草

● 大花萱草

● 大花萱草

七叶一枝花

Paris polyphylla 百合科重楼属

● 七叶一枝花 花

别名：重楼、草河车、七叶莲、独叶一枝花

形态特征：多年生宿根花卉。根状茎肥厚，棕褐色，有斜形环节。茎直立，圆柱形，光滑。叶5～10枚，通常为7枚，轮生茎顶，矩圆形、椭圆形或倒卵状披针形。花黄绿色，有柄，自轮生叶的中间抽出。蒴果球形。花期春、夏季。

分布习性：产于我国西藏东南部、云南、四川和贵州等地，不丹、印度也有分布。喜温暖、湿润气候和半阴环境。

繁殖栽培：可播种或分球繁殖。宜选择排水良好、富含有机质或堆肥的沙质壤土。

园林应用：株形奇特，颇为美观，可种植于疏林下，也可片植于林缘作地被植物。

● 七叶一枝花

紫娇花

Tulbaghia vielacea 石蒜科紫娇花属

●紫娇花

别名：野蒜、非洲小百合

形态特征：多年生花卉，株高30～60 cm，丛生状。具圆柱形小鳞茎。茎叶均含有韭味。顶生聚伞花序，有紫粉色小花10～15朵。花期6—10月。

分布习性：原产地为南非。喜温暖、湿润气候，栽培以全日照、半日照为宜，荫蔽处开花不良或不开花。通常在排水良好的沙质壤土或壤土上开花旺盛。

繁殖栽培：播种、分株或鳞茎繁殖。在长江流域不易结籽，仅用分株或鳞茎种植。生长期需要保持土壤湿度，尤其夏季正值开花盛期，需水尤多，勿放任其干旱。花谢后立即剪除花茎，可维持美观，并可促进再开花。

园林应用：色彩娇妍，清新雅致，最适合庭院栽植或点缀花境，亦可盆栽观赏或作切花。

●紫娇花

百合

Lilium spp. 百合科百合属

●百合

●药百合

●药百合 果实

别名：强瞿、番韭、山丹、倒仙、百合蒜

形态特征：多年生球根草本花卉，株高40~60 cm，亦有高1 m以上。茎直立，不分枝，草绿色，茎秆基部带红色或紫褐色斑点。地下具扁球形鳞茎。单叶，互生，狭线形，无叶柄，直接包生于茎秆上，叶脉平行。叶腋间生出紫色或绿色颗粒状珠芽。花着生于茎秆顶端，呈总状花序，簇生或单生，呈漏斗形喇叭状，花朵大，开花时常下垂或平伸。花色因品种不同而色彩多样，多为黄色、白色、粉红色、橙红色，有的具紫色或黑色斑点。花期4—10月。

分布习性：原产于我国。喜温暖气候和半阴环境，要求肥沃、富含腐殖质、土层深厚、排水性良好的沙质土壤，多数品种宜在微酸性至中性土壤中生长。

繁殖栽培：可采用播种、分小鳞茎、鳞片扦插和株芽繁殖。栽培宜选择背风、光照充足的半阴环境。生长期勤松土、除草，孕蕾期多施磷钾肥。花葶柔弱的需要设立支架。

园林应用：为球根之王，品种众多，可作切花或盆栽观赏。

同属常见栽培应用的有：

药百合 *Lilium speciosum* var. *gloriosoides*（别名：鹿子百合）：

具地下鳞茎，扁球形。茎直立，高可达150 cm。叶宽披针形，叶柄较短。花序总状，花生于枝顶芽，花瓣白色，反卷，边缘波状，花瓣上有红色斑块。花期7—8月。

分布于浙江、江西、安徽等省，生于林下、溪边、山坡草丛中。

射干

Belamcanda chinensis 鸢尾科射干属

● 射干

别名：山蒲扇、扇子草、扁竹

形态特征：多年生草本，株高80～100 cm。根状茎粗壮，不规则块状，鲜黄色，地上茎直立。叶互生，两列，剑形，基部鞘状抱茎，无中脉。聚伞花序顶生，每花序由10～20朵花组成，花橙红色，花被片6枚，上散生暗红色斑点。蒴果倒卵形或长椭圆形。花期6—8月，果期7—9月。

分布习性：原产于中国和日本。生于旷野、林缘、山坡、路旁草丛中。喜阳光充足、温暖的环境，耐旱，耐寒。在肥沃的土壤中生长健壮。

繁殖栽培：分株或播种繁殖。分株在3月中下旬进行；播种在春秋季进行，15天左右发芽。

园林应用：可布置花坛、花境或片植于林缘作地被植物。

● 射干

球根鸢尾

Iris sp. 鸢尾科鸢尾属

形态特征： 多年生草本，株高60～80 cm。地下麟茎，单叶丛生，叶形为长披针形，先端尖细，基部为鞘状，叶片长出6～7枚，抽出单一花茎，花形姿态优美，总状花序，有花1～2朵，花色有金色、白色、蓝色及深紫色。花期3月下旬至4月。

分布习性： 原产于西班牙及摩洛哥，现我国各地均有栽培。

繁殖栽培： 可分球繁殖。宜选择排水良好、富含有机质或堆肥的沙质壤土。

园林应用： 可作疏林下地被，同时也可布置花坛、花境。

● 球根鸢尾

水生植物

水生植物（Aquatic Plants）是指全部或大部分的时间都是生活在水中，并且能够顺利地繁殖下一代的植物。根据不同的形态和生态习性可分为四类：

沉水植物：如菹草。

漂浮植物：如凤眼莲。

浮叶植物：如睡莲。

挺水植物：如荷花。

荷花

Nelumbo nucifera 睡莲科莲属

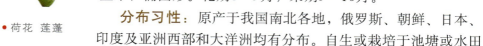

别名：莲花、芙蕖、水芝、泽芝、菡萏、草芙蓉、水芙蓉

形态特征：多年生挺水植物。根茎肥大多节，横生于水底泥中。叶盾状圆形，表面深绿色，被蜡质白粉，背面灰绿色。花单生于花梗顶端，高于水面之上，有单瓣、复瓣、重瓣等花形，花色有白色、粉色、深红色、淡紫色或间色等变化。花后结实，果为坚果，椭圆形。花期6—9月，果期9—10月。

• 荷花 莲蓬

分布习性：原产于我国南北各地，俄罗斯、朝鲜、日本、印度及亚洲西部和大洋洲均有分布。自生或栽培于池塘或水田中。喜温暖、湿润气候和全光照，喜肥，喜相对稳定的静水，不爱涨落悬殊的流水。

繁殖栽培：以播种和分藕繁殖为主。园林上多采用分藕繁殖。栽培应选用肥沃的塘泥，池塘植荷以水深0.3～1.2 m为宜。

园林应用：是中国十大名花之一，不仅花大色艳，清香远溢，凌波翠盖，而且有着极强的适应性。既可广植湖泊，蔚为壮观，又能盆栽瓶插，别有情趣。自古以来，就是宫廷苑囿和私家庭园的珍贵水生花卉，而且品种众多，最宜建立专类园观赏。

• 荷花

• 荷花

• 荷叶

睡莲

Nymphaea tetragona　睡莲科睡莲属

　　别名：子午莲、水芹花

　　形态特征：多年生浮水花卉。根状茎匍匐。叶纸质，近圆形，基部具深弯缺，裂片尖，近平行或开展，全缘或波状。花大，芳香。花色有白色、粉色、红色、蓝色等。浆果扁平至半球形，种子椭圆形。花期6—8月，果期8—10月。

　　分布习性：原产于亚洲热带地区以及大洋洲、北非和东南亚热带地区，欧洲和亚洲的温带和寒带地区有少量分布。喜温暖、湿润气候和全光照。

　　繁殖栽培：可分株或播种繁殖，园林上多采用分株法繁殖。

　　园林应用：为重要的水生花卉，品种众多，花色繁多，常用于点缀水面。盆养睡莲可布置庭院。

● 睡莲

● 睡莲

● 睡莲

● 睡莲

● 睡莲

245

千屈菜

Lythrum salicaria 千屈菜科千屈菜属

别名：水柳、水枝锦

形态特征：多年生草本，高30～100 cm。根状茎粗壮，横卧，地上茎四棱，多分枝。叶对生，披针形，全缘，无柄。穗状花序顶生，小花紫色，径约2 cm，花瓣6枚，稍皱缩。花期6—10月。

● 千屈菜 花

分布习性：原产于欧亚温带地区，广布于我国各地。野生多生长在沼泽、湖滩和水沟边，现各地广泛栽培。喜光，较耐寒，喜水湿，在浅水中生长最好，亦可露地旱栽。

繁殖栽培：以分株、扦插繁殖为主，也可春播。

园林应用：株形紧凑，花序整齐，花色艳丽醒目，花期长，是一种优良的观花植物。可成片布置于河岸边的浅水处，或作地被植物和花境材料。

● 千屈菜

黄花水龙

Ludwigia peploides 柳叶菜科丁香蓼属

　　形态特征： 多年生挺水草本。具匍匐茎，蔓生或直立生长，整株无毛，节间簇生白色气囊(气生根)。叶互生，长椭圆形。花开于枝顶，金黄色，径9～17 mm。不结实。花期5—6月。

　　分布习性： 分布于亚洲和美洲。

　　繁殖栽培： 扦插繁殖。以富含有机质肥沃壤土为佳。

　　园林应用： 可用于湿地、溪沟水景绿化，亦可布置于庭院水池。

● 黄花水龙

轮叶狐尾藻

Myriophyllum verticllatum 小二仙草科狐尾藻属

形态特征：多年生水生草本。植物体下部沉没于水中。茎圆柱形，多分枝。叶4片轮生，同一植株上有两种不同形状的叶，水上叶羽毛状全裂，水下叶裂片线形。果近球形，具4条浅沟。花期5—7月，果期7—8月。

分布习性：分布于我国南北各地。多生长在池塘或河川中。

繁殖栽培：匍匐茎扦插繁殖，生长迅速，成形较快。

园林应用：适宜布置园林水景，尤其是处理池塘驳岸，具有较好的观赏效果。

● 轮叶狐尾藻

香菇草

Hydrocotyle vulgaris 伞形科天胡荽属

● 香菇草

别名： 南美天胡荽、金钱莲、铜钱草

形态特征： 多年生挺水或湿生植物，株高5～15 cm。植株具蔓生性，节上常生根。茎顶端呈褐色。叶互生，具长柄，圆盾形，直径2～4 cm，缘波状，草绿色，叶脉呈15～20条放射状。花两性，伞形花序，小花白色，果为分果。花期6—8月。

分布习性： 原产于欧洲、北美南部及中美洲地区。喜光照充足、温暖、湿润环境，怕寒冷，越冬温度不宜低于5 ℃。

繁殖栽培： 匍匐茎扦插繁殖。生长迅速，成形较快。

园林应用： 常点缀于水池岸边，也可用于室内水体绿化或水族箱前景栽培。

● 香菇草

水苏

Stachys japonica 唇形科水苏属

　　形态特征：多年生草本，高15～60 cm，全株近无毛。根状茎横走，茎直立，单一。叶对生，卵状披针形，缘有圆锯齿。轮伞花序6～8朵花，于茎顶组成穗状花序，花冠红色，上唇直立，下唇开展。花期5—7月。

　　分布习性：产于华东、华北等地区，俄罗斯、日本也有分布。耐水湿。

　　繁殖栽培：播种繁殖或分栽根状茎繁殖。自播能力强，易栽培。

　　园林应用：花色鲜艳，株形整齐，生长迅速，是优良的湿生观花地被植物。

水苏

水苏 花

水苏

菹草

Potamogeton crispus　眼子菜科眼子菜属

别名：虾藻、虾草

形态特征：多年生沉水草本。具近圆柱形的根茎。茎稍扁，多分枝，近基部常匍匐地面，于节处生出疏或稍密的须根。叶条形，无柄，长3～8 cm，宽3～10 mm，先端钝圆，基部约1 mm与托叶合生，但不形成叶鞘，叶缘多少呈浅波状，具疏或稍密的细锯齿。穗状花序顶生，具花2～4轮。花果期4—7月。

分布习性：分布于我国南北各地，为世界广布种。生于池塘、湖泊、溪流中，水体多呈微酸至中性。

繁殖栽培：茎插繁殖。

园林应用：是湖泊、池沼、小水景中的良好绿化材料。可富集吸收重金属，净化水体，尤其对砷、锌的净化能力强。

菹草

伞草

Cyperus involucratus 莎草科伞草属

● 伞草 花序

别名：水竹

形态特征：多年生常绿草本。地下茎块状而短粗。茎秆自地下茎向上丛生而出，茎截面略呈三角形，中空，长50～100 cm。叶片退化成鞘状，包裹在茎秆基部。花序着生在茎顶，总苞片10～20片，似轮状排列。苞片狭剑形至线形，先端渐尖并下弯。花果期8—10月。

分布习性：原产于西印度群岛。喜温暖、湿润的环境，耐半阴。生长力很强，在温暖季节里，从基部不断萌发新芽，富有旺盛的萌发力。家庭中，可将伞草置于容器中进行水盆培养。

繁殖栽培：分株繁殖。

园林应用：适宜种于河边、溪流、水际等处，也可布置花境、花坛等。

● 伞草 水体绿化

石菖蒲

Acorus tatarinowii　天南星科菖蒲属

　　形态特征：多年生常绿草本，株高30～40 cm。全株具香气，根状茎于地下匍匐横走。叶基生，线形，中肋不明显，有光泽。肉穗花序圆柱形，叶状佛焰包长为肉穗花序的2～5倍。花两性，黄绿色。花期4—7月。

　　分布习性：我国长江以南各地有分布。生长在山涧溪流边。耐阴湿，忌干旱、耐寒。

　　繁殖栽培：分株繁殖。

　　园林应用：植株低矮，叶丛光亮，芳香，园林中可作阴湿地花坛的镶边材料。可片植于林下作耐阴湿地被植物，也可在池塘边、水沟旁种植。

　　同属常见栽培应用的有：

　　金边金钱蒲 *Acorus gramineus* 'Variegatus'：

　　常绿多年生草本。株丛矮小，高约20 cm，根状径地下匍匐横走。叶条形，基生，无柄，叶片中有黄色条斑，花淡黄绿色。

石菖蒲

石菖蒲 花序

石菖蒲

凤眼莲

Eichhornia crassipes 雨久花科凤眼莲属

● 凤眼莲 花

别名：水葫芦、凤眼蓝

形态特征：多年生漂浮草本。须根发达且悬垂水中。单叶丛生于短缩茎的基部，每株6～12叶片，叶卵圆形，叶面光滑；叶柄中下部有膨胀如葫芦状的气囊。花茎单生，穗状花序，花两性。有花6～12朵，花被6裂，紫蓝色，上1枚裂片较大，中央有鲜黄色的斑点。花期6—8月。

分布习性：原产于巴西，现分布于我国华北、华东、华中和华南的19个省区。喜温暖、阳光充足环境。

繁殖栽培：无性繁殖能力极强。由腋芽长出的匍匐枝即可形成新株。

园林应用：可栽植于浅水池或进行盆栽、缸养，观花观叶总相宜。应用时需要水面框住凤眼莲，防止其任意扩散。

● 凤眼莲 气囊

灯心草

Medulla junci 灯心草科灯心草属

● 灯心草

别名：秧草、水灯心、野席草、龙须草、灯草

形态特征：多年生常绿草本。茎簇生，高40~100 cm，直径1.5~4 mm。叶片退化呈刺芒状。花序假侧生，聚伞状，多花，密集或疏散。直立，长5~20 cm。花长2~2.5 mm，花被片6枚，条状披针形，蒴果矩圆状，3室，顶端钝或微凹，长约与花被等长或稍垂。种子褐色。花期5—6月，果期6—7月。

分布习性：主要分布于我国江苏、四川、云南、浙江、福建、贵州等地。生于湿地或沼泽边。

繁殖栽培：分株繁殖。

园林应用：适宜种于河边水际，也可布置花境、花坛等。

● 灯心草生境

花菖蒲

Iris ensata var. *hortensis*　鸢尾科鸢尾属

别名：玉蝉花

形态特征：多年生宿根草本。根状茎短而粗。基生叶剑形，中脉明显。花茎稍高出叶片，着花2朵，花大。花色分有纯白色、蓝色、蓝紫色、紫红色、淡蓝色、蓝紫红色等。一般在5月初开花，6月上旬或中旬为盛花期，有的品种可能延续至7月初。花期为10天左右。蒴果长圆形。花期6—7月，果期8—9月。

分布习性：原产于我国东北地区，日本和朝鲜亦有。喜阳光充足和湿润富含腐殖质的微酸性土壤。耐寒，不耐阴，在庇荫处生长纤弱，分蘖少。宜生长在浅水或沼泽地。

繁殖栽培：春秋分株繁殖。开花期需要大量水分，应及时浇水防止干旱。

园林应用：可布置花境、花坛，也可植于林缘或种植于溪畔河边。

●花菖蒲

黄菖蒲

Iris pseudacorus 鸢尾科鸢尾属

别名：黄花鸢尾

形态特征：多年生草本植物，高60～100 cm。根茎短。基生叶淡绿色，剑形，中肋明显，横向网状脉清晰。花茎与叶近等高，有数个分枝，着花3～5朵，花黄色，外轮垂瓣长椭圆形，基部有褐色斑纹，内轮旗瓣明显小于外轮垂瓣。苞片2～5枚。花期4—5月，果期6—9月。

分布习性：原产于欧洲，我国各地广泛栽培。耐热，耐旱，极耐寒。喜生长在浅水及微酸性土壤中。在干旱、微碱性的土壤中也可种植，生态适应性广。

繁殖栽培：分株或播种繁殖，在花后进行。浅水或湿润处生长较好。

园林应用：适宜水岸边种植，开花时节非常壮观。

黄菖蒲 果实

黄菖蒲 花

黄菖蒲 水体绿化

●黄菖蒲

溪荪

Iris sanguinea 鸢尾科鸢尾属

别名：赤红鸢尾

形态特征：多年生草本，高40～60 cm。根茎细。基生叶3～5枚一丛，线形，中肋明显。花茎与叶等高，不分枝，着花约4朵。苞片红晕色。花紫色，外轮垂瓣先端圆，中部有褐色网状及黄色斑纹，内轮旗瓣稍短，色较浅。具数十种花色。花期5—6月，果期7—9月。

分布习性：原产于我国东北，朝鲜和日本也有。生长在沼泽地、湿草地或向阳坡地。喜温暖、湿润的环境，稍耐阴，耐寒。宜在溪边湿地或浅水中栽培，也可旱地种植。

栽培繁殖：分株或播种繁殖。分株在秋季进行。播种在种子成熟采收后进行。

园林应用：可布置花境、花坛或林缘，也可丛植、片植于沼泽地、浅水中。

溪荪

溪荪

溪荪 花

藤蔓植物

藤蔓植物（Vines）是指能缠绕或依靠附属器官攀附他物向上生长的植物，包括拇指藤本和草质藤本。利用藤蔓植物的攀缘特性，可以绿化美化墙面、廊架、立交桥等，形成立体绿化的格局。

薜荔

Fricus pumila 桑科榕属

● 薜荔

形态特征：常绿木质藤本。茎极易产生气生根。叶二型，营养枝上小而薄，心状卵形，基部斜。果枝上较大，革质，卵状椭圆形，下面网脉突起呈蜂窝状。隐头花序单生于叶腋，长椭圆形。雄花和瘿花同生于一隐头花序中；雌花生于另一隐头花序内，梨形。隐头果成熟时暗红色。花期5—6月，果期9—10月。

分布习性：我国长江以南各地有分布。喜阴湿环境，耐旱，耐寒，不择土壤。

繁殖栽培：扦插繁殖。整个生长季均可进行，成活率高。栽培管理简单粗放。

园林应用：覆盖性好，可作林下耐阴湿地被植物，也可靠气生根攀附点缀山岩、墙壁、树木等。

● 薜荔 果实

云实

Caesalpinia decapetalas 豆科云实属

别名：云英、天豆、羊石子、百鸟不停

形态特征：落叶攀缘灌木，密生倒钩状刺。二回羽状复叶，羽片3～10对，小叶12～24枚，长椭圆形，顶端圆，微凹。总状花序顶生，花冠黄色。荚果长椭圆形，顶端圆，有喙，沿腹缝线有宽3～4 mm的狭翅。花期5月，果期8—10月。

分布习性：产于福建、广东、浙江等地，生于海拔600 m以下的谷地、沟边灌丛中及疏林下。

繁殖栽培：以扦插繁殖为主。

园林应用：可为疏林下耐阴地被，亦可配置于假山岩石处。

● 云实 花

● 云实 果实

扶芳藤

Euonymus fortunei 卫矛科卫矛属

● 银边扶芳藤

● 扶芳藤

● 金边扶芳藤

别名：白对叶肾

形态特征：常绿攀缘藤本。枝上有细根，小枝绿色，圆柱形。叶对生，革质，宽椭圆形至长圆状倒卵形，腋生聚伞花序。蒴果近球形，淡红色。花期6—7月，果期10月。

分布习性：我国南北各地有栽培。喜阴湿环境，耐寒，耐旱，耐盐碱，抗污染，不择土壤，适应性强，速生。在沙质土、黏性土、微酸性和中度盐碱地均能生长。

繁殖栽培：扦插繁殖。采用半木质化枝条扦插，成活率95%以上。

园林应用：丛植或片植，可作广场、公园、行道树池、公路护坡等处的地被植物；也可遮挡墙面、岩面、山石或攀缘于树干、棚架上作垂直绿化材料。

常见园林栽培应用的有：

①银边扶芳藤,*Euonymus fortunei* 'Emerald Gaiety'：
叶边缘乳白色。

②金边扶芳藤,*Euonymus fortunei* 'Emerald Gold'：
叶边缘金色。

常春藤

Hedera helix 五加科常春藤属

别名：土鼓藤、钻天风、三角风、爬墙虎

形态特征：常绿攀缘藤本，也可在地面匍匐生长。幼枝被褐色星状毛，有营养枝和花枝之分。营养枝上叶3～5裂，中央裂片长而尖，浓绿色，有光泽；花枝上叶卵状菱形或菱形；叶脉色浅。伞形花序，花黄白色。浆果球形，黑色。花期9—12月，果期翌年4—5月。

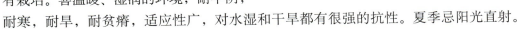

● 常春藤

分布习性：原产于欧洲，我国各地有栽培。喜温暖、湿润的环境，耐半阴，耐寒，耐旱，耐贫瘠，适应性广，对水湿和干旱都有很强的抗性。夏季忌阳光直射。

繁殖栽培：扦插繁殖。5—6月进行，7～10天可生根，成活率高达95%。

园林应用：枝蔓茂密青翠，姿态优雅，可覆盖地面、山坡，高达建筑物的阴面，种植于阴湿环境或作林下地被植物。可在树穴中种植，也可作树干、立交桥、棚架、墙垣、岩石等处的垂直绿化植物。

● 常春藤 花叶

飞蛾藤

Porana racemosa 旋花科飞蛾藤属

● 飞蛾藤 花

别名：翼萼藤

形态特征：多年生草质藤本。茎缠绕，长达数米，疏被柔毛。叶卵形或宽卵形，顶端渐尖，基部心形，两面有毛。叶柄长。总状花序有叉状分枝，着生分叉处的苞片心形。萼片线状披针形，有毛，果熟时呈椭圆状匙形。花冠白色，漏斗形，无毛，长约1 cm，顶端5裂，裂片椭圆形。蒴果卵形，光滑；种子1枚，黑褐色。花果期8—10月。

分布习性：分布于我国长江以南各地以及湖北、陕西、甘肃地区，印度尼西亚、越南、泰国、缅甸也有分布。生于山坡灌丛间。

繁殖栽培：种子繁殖。

园林应用：可作垂直绿化材料。

● 飞蛾藤

何首乌

Fallopia multiflorum 蓼科蓼属

形态特征： 多年生草质藤本。块根肥大，质硬，不规则，表面黑褐色。地下根茎延伸萌发出新株，茎长3～4 m，多分枝。叶互生，卵形或卵状心形，有长柄。基部有托叶鞘。圆锥花序顶生或腋生，花白色。瘦果三角形，黑色。花期6—9月，果期10—11月。

分布习性： 分布于我国西北、西南、华北、华东、华南地区，日本也有分布。生于丘陵灌丛、石隙、山脚阴湿处。喜阳光充足、温暖、湿润的环境，耐半阴，耐寒，忌干燥和水湿。

繁殖栽培： 分株或扦插繁殖。分株在整个生长期均可进行。播种在秋季种子成熟后即可进行。

园林应用： 植株覆盖面积较大，可作疏林下地被植物。也是作庭院、棚架、高台、廊柱、墙面垂直绿化的好材料。

● 何首乌 叶

● 何首乌 垂直绿化效果

火炭母草

Polygonum chinense 蓼科蓼属

别名：火炭毛、乌炭子、火炭母、山荞麦草

形态特征：多年生草本，株高30～80 cm。茎浅红色，基部匍匐，节短膨大，节上生不定根。叶互生，叶片变异较大，卵状长圆形或三角状卵形，全缘，基部截形或宽楔形，叶两面无毛。头状花序，花被白色或粉红色。花期5—7月，果期8—10月。

分布习性：我国长江以南各地有分布。生于溪边、沟边、山坡路边灌丛中。喜阳光、湿润的环境，耐寒，耐热，耐旱，耐半阴，忌暴晒，适应性强。对土壤要求不严，在肥沃的土壤中生长良好。

繁殖栽培：扦插或分株繁殖。

园林应用：可作疏林下地被植物，亦可种植于山石、缓坡地带作为地被。

● 火炭母草 花

● 火炭母草 垂直绿化效果

● 火炭母草

络石

Trachelospermum jasminodes 夹竹桃科络石属

别名：石龙藤、络石藤

形态特征：常绿木质藤本。茎圆柱形，借气生根攀缘，有时长达10 m，老枝红褐色，幼枝被黄色柔毛。单叶对生，革质，长椭圆形，叶柄短。聚伞花序，顶生或野生。花冠白色，高脚杯性，花冠筒中部膨大，芳香。蓇葖果双生。花期4—6月，果期8—10月。

分布习性：我国黄河以南地区有分布，日本、朝鲜、越南也有。喜温暖、湿润的环境，耐半阴，耐寒，耐旱，耐贫瘠，不择土壤。

繁殖栽培：扦插繁殖。在整个生长季可进行，生根容易，成活率达95%以上。

园林应用：四季常绿，覆盖性好，开花时节，花香袭人。可点缀假山、叠石。攀缘于墙壁、枯树、花架、绿廊。也可作片植林下耐阴湿地被植物。

同属常见应用的栽培品种：

①花叶络石 *Trachelospermum asiaticum* 'Hatuyukikazura'（日本称作初雪葛）：

叶革质，椭圆形至卵状椭圆形，老叶近绿色或淡绿色，第一轮新叶粉红色，少数有2～3对粉红叶，第二至第三对为纯白色叶，在纯白叶与老绿叶间有数对斑状花叶。

②五彩络石 *Trachelospermum asiaticum* 'Variegatum'（别名：斑叶络石、大叶花叶络石）：

叶革质，卵形，在全光照情况下，从早春发芽开始，有咖啡色、粉红、全白、绿白相间等色彩，冬季以褐红色为主。五彩络石在半阴条件下生长良好，但叶色以绿白相间为主。

③黄金锦络石 *Trachelospermum asiaticum* 'Ougonnishiki'：

叶革质，卵形，全叶金黄色或淡黄色至白色。

● 五彩络石

● 花叶络石

● 黄金锦络石

蔓长春花

Vinaca major 夹竹桃科蔓长春花属

形态特征：常绿藤本，株高30～40 cm。有营养枝和开花枝之分，营养枝匍匐地面生长，如遇土壤湿润疏松，可产生不定根形成新的植株。开花枝直立。叶对生，亮绿色，叶片卵形或卵状椭圆形，全缘。花单生于叶腋，喇叭状，蓝色，5枚花瓣呈五星状排列。花期4—5月。

分布习性：原产于西亚和欧洲，我国黄河以南各地栽培应用。喜半阴、湿润的环境，也可在全光照下生长。耐旱，耐寒，不择土壤，梅雨季节要注意防治根茎腐烂，在肥沃的沙性土壤中生长好，适应性强。

繁殖栽培：扦插、分株或整枝压条繁殖。9月扦插繁殖最好，也可在入冬前整枝压条繁殖。

园林应用：四季常青，典雅秀气，繁殖容易，生长快，适应性强，是不可多得的耐阴湿观叶观花藤本地被植物。可布置山石、坡地，片植于高大建筑物阴面或林下作耐阴湿地被，也可盆栽垂吊观赏。

同属常见栽培应用的有：

花叶蔓长春花 *Vinaca major* 'Variagata'：

叶面有黄白色斑点，叶缘白色。其他与蔓长春花相似。

花叶蔓长春花

蔓长春花

● 花叶蔓长春花

忍冬

Lonicera japonica 忍冬科忍冬属

● 忍冬

别名： 金银花

形态特征： 常绿藤本。幼枝暗红色，密生柔毛。单叶对生，卵状椭圆形，全缘，叶深绿色，入冬后略带红色。花双生，总花梗常单生于小枝上部叶腋，总花梗明显。苞片大，叶状。花冠白色，后变为黄色，芳香。浆果球形，黑色。花期4—6月，果期8—10月。

分布习性： 我国各地有分布，日本、朝鲜也有。生于山坡岩石上、沿海山沟中、灌木丛边缘及山涧阴湿处。性强健，喜光也耐阴，耐旱且耐湿，耐寒性强，对土壤要求不严，但以湿润、肥沃、深厚的沙壤土生长最佳。

繁殖栽培： 扦插繁殖。

园林应用： 春夏开花不绝，清香袭人，叶凌冬不凋，是色香俱全的藤本植物。适用于篱墙、栏杆、花架、门廊等垂直绿化，也可攀附在山石上、坡堤处、沿沟边，是优良的地被植物材料。

● 忍冬

棕榈科植物

棕榈科植物（Palms）是指单子叶植物，多为乔木或灌木，茎单生或丛生，地上不分枝（海菲棕属除外），有些种类攀缘而多刺。具大型掌状或羽状叶片，常聚生于树干的顶端。棕榈科植物风姿绰约，颇具热带风情，近年来"南棕北引"成为城市园林绿化的热点，故单列一类。

银海枣

Phoenix sylvestris 棕榈科刺葵属

别名：野海枣、林刺葵、中东海枣

形态特征：常绿乔木。株高10～16 m。胸径30～33 cm，茎具宿存的叶柄基部。叶长3～5 m，羽状全裂，灰绿色，无毛。叶片剑形，下部叶片针刺状。叶柄较短，叶鞘具纤维。花期4—5月，果期6月至翌年3月。

分布习性：原产于印度、缅甸。喜高温、湿润环境，喜光照，有较强抗旱力。生长适温为20～28 ℃，冬季低于0 ℃易受害。

繁殖栽培：播种繁殖。移植宜在春夏季湿润季节，大苗带土球。

园林应用：株形优美，树冠半圆丛出，叶色银灰，孤植于水边、草坪或公园入口作景观树，观赏效果极佳。

银海枣 果实

银海枣 花序

银海枣

美丽针葵

Phoenix roebelenii 棕榈科刺葵属

别名： 软叶刺葵

形态特征： 常绿灌木，株高1～3 m。茎短粗，通常单生，亦有丛生。叶羽片状，初生时直立，稍长后稍弯曲下垂，叶柄基部两侧有长刺，且有三角形突起，这是其特征之一。小叶披针形，长20～30 cm，宽约1 cm，较软柔，并垂成弧形。肉穗花序腋生，长20～50 cm，雌雄异株。果长约1.5 cm，初时淡绿色，成熟时枣红色。

分布习性： 原产于印度支那地区，我国南方各省区栽培甚多。喜高温、高湿的热带气候，喜光也耐阴，耐旱，耐瘠，喜排水性良好、肥沃的沙质壤土。

繁殖栽培： 多用播种繁殖。10—11月果实成熟，采收后即播或翌年春季播种。

园林应用： 枝叶拱垂似伞形，是优良的盆栽观叶植物。一般中小盆适于客厅、书房等处，显得雅观大方。大型植株盆栽常用于布置会场、大厅等，显得庄严伟岸。

● 美丽针葵

● 美丽针葵 果实

● 美丽针葵 花序

加拿利海枣

Phoenix canariensis 棕榈科刺葵属

● 加拿利海枣 果实

别名： 长叶刺葵、加拿利刺葵、槟榔竹

形态特征： 常绿乔木，高可达10～15 m，粗20～30 cm。干单生，其上覆以不规则的老叶柄基部。叶大型，长可达4～6 m，呈弓状弯曲，集生于茎端。羽状复叶，叶柄短，基部肥厚，黄褐色。叶柄基部的叶鞘残存在干茎上，形成稀疏的纤维状棕片。肉穗花序从叶间抽出，多分枝。果实卵状球形，成熟时橙黄色，有光泽。花期5—7月，果期8—9月。

分布习性： 原产于非洲西岸的加拿利岛，我国浙江南部、广东、广西、云南、海南、台湾等地多栽培应用。喜温暖、湿润环境，喜光，耐半阴。耐酷热，也能耐寒，其耐低温限度可达－10 ℃。耐盐碱，耐贫瘠，在肥沃的土壤中生长迅速，极为抗风。

繁殖栽培： 播种法繁殖。移植宜在春夏季湿润季节，大苗带土球。

园林应用： 株形高大，伟岸挺拔，富有热带风韵，最宜列植于道路两侧或对植于入口处，为南方海滨城市重要的景观树种。

● 加拿利海枣

● 加拿利海枣

● 加拿利海枣 果实

假槟榔

Archontophoenix alexandrae 棕榈科假槟榔属

● 假槟榔 果实

别名：亚历山大椰子、槟榔葵

形态特征：常绿乔木，高达10～25 m。干通直。茎圆柱状，有明显的环状叶痕。叶羽状全裂，聚生于茎顶，长2～2.5 m，羽片呈2列排列。花序生于叶鞘下，呈圆锥花序，白色。果实卵球形，熟时红色。花期4—5月及9—11月。

分布习性：原产于澳大利亚东部地区，我国福建、台湾、广东、海南、广西、云南有引种栽培，已半归化。喜高温、高湿和避风向阳的环境，能耐短期－7～－3 ℃低温。喜土层深厚、富含腐殖质、排水良好的沙质壤土。

繁殖栽培：播种繁殖，播种后保持土壤湿润，在20～25 ℃温度下，10～15天可以发芽。

园林应用：多露地种植于建筑物旁、水滨、庭院、草坪四周等处作风景树或行道树。幼树可盆栽，供展厅、会议室、主会场等处陈列。

● 假槟榔

皇后葵

Syagrus romanzoffianum 棕榈科金山葵属

别名：金山葵、女王椰子

形态特征：常绿乔木，高达15 m。干直立，中上部稍膨大，光滑有环纹。羽状复叶长达5 m，每侧小叶200枚以上，长达1 m，带状，常1枚或3～5枚聚生于叶轴两侧。雌雄同株，异花，雌花着生于基部。果实卵圆形，有短尖。

分布习性：原产于巴西、阿根廷、玻利维亚，我国南方引种栽培。喜温暖、湿润气候，能耐短期0 ℃低温。

繁殖栽培：播种繁殖。移植在春夏季，带土球。

园林应用：树干挺拔，簇生在顶上的叶片，有如松散的羽毛，酷似皇后头上的冠饰。可作庭园观赏树或行道树，亦可作海岸绿化材料。

● 皇后葵 花序

● 皇后葵 果实

● 皇后葵 丛植

鱼尾葵

Caryota ochlandra　棕榈科鱼尾葵属

别名： 长穗鱼尾葵、单生鱼尾穗、假桄榔

形态特征： 常绿乔木，高10～15 m。茎单生。常被褐色纤维，有环状叶痕。叶大型，中肋粗壮，中肋分枝两侧各有10～20片斜方形小羽片，极似鱼尾。花序长可达3 m，下垂，有多数分枝。雌雄同株、花黄色。果熟时红色，花期5—7月，果期8—11月。

分布习性： 原产于亚洲热带、亚热带及大洋洲，我国海南五指山有野生分布，台湾、福建、广东、广西、云南均有栽培。喜阳光，喜温暖、湿润的气候。较耐寒，能耐受短期－2℃低温霜冻。根系浅，不耐干旱，茎干忌暴晒。要求排水良好、疏松肥沃的土壤。

繁殖栽培： 播种繁殖。3—10月为其主要生长期，一般每月施液肥或复合肥1～2次。

园林应用： 为优良庭院观赏与行道绿化树种，株形高大挺拔，叶形翠绿奇特，富有热带风情。盆栽可布置大型客厅、会场、大门入口等。

同属中常见栽培应用的有：

短穗鱼尾葵 *Caryota mitis*：

丛生小乔木，高6 m左右。叶长1～3 m，花序长30～40 cm。

● 鱼尾葵　果实

● 短穗鱼尾葵　果实

● 鱼尾葵

● 短穗鱼尾葵

董棕

Caryota urens 棕榈科鱼尾葵属

● 董棕 果序

● 董棕

别名：孔雀椰子、木董棕

形态特征：常绿乔木，高8～18 m。茎粗壮单生，径粗约50 cm。树干中部稍膨大，有明显的环状叶痕。叶二回羽状全裂，小羽片斜楔形。花序长达2.5 m，多分枝下垂。果圆球形，成熟时深红色。为一次性开花植物。花期5—10月，果期6—10月，花果期有交错现象。

分布习性：原产于我国云南、广西、西藏南部地区，亚洲东南部、印度、缅甸、斯里兰卡和中南半岛都有分布。喜温暖、湿润气候，生长适温20～28 ℃，可耐短时间1～2 ℃低温。要求疏松、肥沃、排水良好的土壤。

繁殖栽培：播种繁殖。幼树生长慢，不耐移植。根为肉质，浇水时要掌握间干间湿原则。

园林应用：植株高大、树形雄伟壮观，叶片巨大，犹如孔雀羽尾，十分美丽。热带地区可作行道树树种，亦可孤植于草坪、庭院等处作风景树。

散尾葵

Chrysalidocarpus lutesens　棕榈科散尾葵属

　　别名：黄椰子

　　形态特征：常绿灌木或小乔木。株高3～8 m。丛生，基部分蘖较多。茎干光滑，黄绿色，叶痕明显，似竹节。羽状复叶，平滑细长，叶柄尾部稍弯曲，亮绿色。小叶线形或披针形，长约30 cm，宽1～2 cm。果实紫黑色。

　　分布习性：原产于非洲马达加斯加。喜温暖、多湿和半阴环境，怕寒冷，怕强光暴晒。对土壤要求不严格，但以疏松并含腐殖质丰富的土壤为宜。

　　繁殖栽培：播种、分株均可，但常用分株法。在生长季节，需经常保持盆土湿润和植株周围较高的空气湿度。冬季应保持叶面清洁，可经常向叶面少量喷水或擦洗叶面。生长季节每月施肥1～2次。

　　园林应用：叶形舒展，颇为美观，多群植于草坪或丛植于庭院观赏，盆栽置于大厅、会场入口也相宜。

●散尾葵盆栽

酒瓶椰子

Hyophorbe lagenicaulis 棕榈科酒瓶椰子属

别名：酒瓶椰

形态特征：常绿乔木，高1~3 m。茎单生。圆柱形，茎基较细，中部膨大，近茎冠处又收缩如瓶颈。羽状复叶簇生于茎顶，羽片40~70对，淡绿色。花序多分枝，油绿色。果实椭圆形，朱红色。花期8月，果期翌年3—4月。

分布习性：原产于马斯克林群岛，我国海南省以及广东南部、福建南部、广西东南部及台湾中南部有栽培应用。喜高温、湿润、阳光充足或半荫蔽环境，耐盐碱，不耐寒，越冬温度不低于10℃。要求疏松透气、排水良好、富含腐殖质的沙壤土。

繁殖栽培：播种繁殖。

园林应用：茎干奇特，形如酒瓶，非常美观，可孤植或群植于草坪庭院。

●酒瓶椰子

蒲葵

Livistona chinensis 棕榈科蒲葵属

别名：葵树、蒲树、扇叶葵

形态特征：常绿乔木，高10～20 m。茎单生，有不明显环状叶痕，常有纵裂纹。叶大，圆扇形，厚革质，掌状深裂，裂片多达70枚，先端2裂，下垂。叶柄切面呈三角形，长可达2 m，两侧倒生尖锐刺齿。花序腋生，花黄色。果椭圆形，熟时紫黑色。花期3—6月，果期11月至翌年5月。

分布习性：原产于我国南部，广东、广西、福建、台湾等地区均有栽培。喜阳光，抗风能力强，喜温暖、湿润气候。要求疏松透气、排水良好、肥沃的沙壤土，栽培时施足基肥。

繁殖栽培：播种繁殖。

园林应用：树冠伞形，叶片扇形，四季常青，在温暖地区适宜庭院绿化布置，或作行道树、风景树。

● 蒲葵 果实

● 蒲葵 花序

● 蒲葵

283

王棕

Roystonea regia　棕榈科王棕属

别名： 大王椰子、王椰

形态特征： 常绿乔木，高达10～30 m。树干挺直，直径50～80 cm，中部常膨大，茎灰白色有环状叶痕。叶大型，聚生茎顶，长4～8 m，羽状全裂。羽片为180～250或更多，先端2裂，在叶轴上呈4列排列。花序分枝多，长50～80 cm。果球形。花期4—6月，果期7—8月。

分布习性： 原产于美国佛罗里达州，以及古巴、牙买加等美洲热带地区，我国华南、西南、东南地区均有引种，半归化。喜高温多雨、阳光充足的热带气候，生长适温28～32 ℃，能耐短时－1 ℃低温。喜疏松、肥沃、排水良好的土壤，应选4—5月和8—10月的气候条件下栽植。

繁殖栽培： 采用播种繁殖。

园林应用： 树形挺拔，雄伟壮观，茎干中部膨大，颇具热带风情，著名风光树种。可列植作行道树，或群植作风景林，亦可丛植于庭院。

王棕

● 王棕

棕榈

Trachycarpus fortunei 棕榈科棕榈属

● 棕榈

别名：棕树、山棕、唐棕

形态特征：常绿乔木，高达15 m。茎单生，干有残存不脱落的老叶柄基部，并被暗棕色的叶鞘纤维包裹。叶形如扇，聚生顶端，直径1～1.8 m，掌状深裂，裂片30～50片。叶柄极长。圆锥花序下垂，花小，淡黄色。核果肾形，初为青色，熟时黑褐色。花期5—10月，果期10—12月。

分布习性：原产于中国，日本、印度、缅甸也有分布。现世界各地广泛栽培。喜温暖、湿润环境，耐寒性极强，可耐－14 ℃低温，为最耐寒棕榈种类之一。喜肥沃、湿润、排水良好的中性或微碱性土壤。

繁殖栽培：采用播种繁殖。

园林应用：树干挺拔，叶形如扇，清姿优雅。宜对植、列植于庭前路边和建筑物旁，或高低错落地群植于池边与庭园。

● 棕榈 花序

丝葵

Washingtonia filifera 棕榈科丝葵属

别名：华盛顿棕榈、老人葵、加州蒲葵

形态特征：常绿乔木，高可达20 m。茎单生，粗壮通直，近基部略膨大。叶聚生茎端，直径可达2 m，掌状深裂，裂片约50枚以上，边缘具有白色丝状纤维。树冠以下被垂下的枯叶。叶柄边缘具红棕色扁刺齿。肉穗花序，多分枝。花小，白色。核果椭圆形，熟时黑色。花期6—8月。

● 丝葵

分布习性：原产于美国加利福尼亚州、亚利桑那州以及墨西哥等地，我国福建、台湾、广东、云南及浙江南部等地有引种栽培，已经归化。喜温暖、湿润环境，较耐低温。喜阳，亦能耐阴，抗风抗旱能力强。能耐水湿和盐碱，适合沿海地区种植。喜湿润肥沃，富含有机质的沙质壤土。

繁殖栽培：播种繁殖。

园林应用：树形挺拔，树冠优美，其干枯的叶子下垂覆盖于茎干，恰如"草裙"，叶裂片间具有白色纤维丝，似老翁的白发，又名"老人葵"，是著名景观生态树种，宜栽植于庭园，亦可作为行道树或列植于大型建筑物前。

● 丝葵 花序

丝葵

观赏竹类

观赏竹（Oramental Bamboos）指禾本科竹亚科的单子叶植物，具有可供人们观赏和较高的经济价值。由于观赏竹类习性分布与栽培管理自成体系，故本书单列一类。

斑竹

Phyllostachys bambusoides f. *lacrima-deae* 禾本科毛竹属

别名：湘妃竹、泪竹

形态特征：散生竹，秆高7～13 m，径3～10 cm。秆具紫褐色斑块与斑点，分枝亦有紫褐色斑点。与原变种之区别在于秆有紫褐色斑块与斑点，分枝亦有紫褐色斑点。

分布习性：产于湖南、河南、江西、浙江等地。适应性强，对土壤要求不严，喜酸性、肥沃和排水良好的沙壤土。

繁殖栽培：以母竹移植栽培。

园林应用：为著名观赏竹种，常配置于古典园林假山、岩石处。秆可制工艺品，亦可材用。

斑竹

斑竹

龟甲竹

Phyllostachys heterocycla 禾本科毛竹属

别名：龙鳞竹、佛面竹、龟文竹、马汉竹、黍节竹

形态特征：丛生竹，高可达8 m。秆直立，粗大。表面灰绿，节粗或稍膨大，自基部往上竹竿的节间歪斜，节纹交错，斜面突出，交互连接成不规则龟甲状，愈基部的节愈明显。

分布习性：我国长江中下游，秦岭、淮河以南，南岭以北，毛竹林中偶有发现。阳性竹，喜温湿气候及肥沃、疏松土壤。

繁殖栽培：以母竹移植栽培。

园林应用：其竹的清秀高雅，千姿百态，令人叹为观止。状如龟甲的竹竿既稀少又珍奇，特别是较高大的竹株，为竹中珍品。可点缀园林，以数株植于庭院醒目之处，也可盆栽观赏。

●龟甲竹

紫竹

Phyllostachys nigra 禾本科毛竹属

● 紫竹

别名：黑竹

形态特征：散生竹，秆高4～10 m，径2～5 cm。新竹绿色，当年秋冬即逐渐呈现黑色斑点，此后全秆变为紫黑色。

分布习性：分布于我国黄河流域以南各地，北京亦有栽培。阳性，喜温暖、湿润气候，稍耐寒。

繁殖栽培：移植母竹或埋鞭根繁殖。

园林应用：观秆色竹种，为优良园林观赏竹种。竹材较坚韧，宜作钓鱼竿、手杖等工艺品及箫、笛、胡琴等乐器用品。

● 紫竹

毛竹

Phyllostachys pubescens 禾本科毛竹属

别名：楠竹、孟宗竹

形态特征：常绿乔木状竹类植物，秆大型，高可达20 m以上，粗达18 cm。秆箨厚革质，密被糙毛和深褐色斑点和斑块，箨耳和毛发达，箨舌发达，箨片三角形，披针形，外翻。高大，秆环不隆起，叶披针形，笋箨有毛。

分布习性：分布于秦岭至长江流域以南，海拔400～800 m的丘陵、低山山麓地带。喜温暖、湿润气候，在深厚肥沃、排水良好的酸性土壤中生长良好，忌排水不良的低洼地。

繁殖栽培：以埋鞭、埋秆、埋节等传统的无性繁殖方法为主。

园林应用：秆高，叶翠，四季常青，秀丽挺拔，经霜不凋，雅俗共赏。自古以来常置于庭园曲径、池畔、溪涧、山坡、石迹、天井、景门，以及室内盆栽观赏。根浅质轻，是屋顶绿化的极好材料。毛竹既无飞絮又无花粉，在精密仪器厂、钟表厂也极适宜栽培。

● 毛竹林

● 毛竹

● 毛竹 竹笋

菲白竹

Sasa fortunei 禾本科赤竹属

● 菲白竹

形态特征：灌木状竹类，株高10～30 cm。秆丛生，节间圆筒形，细而短，每节1分枝，小枝上有4～7枚叶，秆环平或微隆起，秆箨宿存。箨鞘两肩具白色继毛。箨片具白色条纹。叶披针形，叶片上镶嵌白色或淡黄色条纹。

分布习性：原产于日本，我国江浙及上海等地有栽培。喜温暖、阴湿的环境，耐高温，耐旱，耐寒，适应性强。不择土壤，宜在富含腐殖质、疏松、微酸性土壤中生长。

繁殖栽培：分株繁殖，在深秋或入冬前进行。管理粗放，病虫害少。

园林应用：极好的耐阴湿彩叶地被竹。可配置假山、岩石园，片植于疏林下、道路旁，也可大面积覆盖地表。

● 菲白竹

凤尾竹

Bambusa glaucescens var. *riviereorum* 禾本科簕竹属

●凤尾竹

形态特征：丛生型小竹。枝秆稠密，纤细而下弯。叶细小，长约3 cm，常20片排生于枝的两侧，似羽状。

分布习性：原产于我国南部。喜温暖、湿润和半阴环境，耐寒性稍差，不耐强光暴晒，怕渍水，宜肥沃、疏松和排水良好的壤土，冬季温度不低于0 ℃。

繁殖栽培：多用分株和扦插繁殖。分株，在2—3月选一、二年生母竹3～5株为一丛带土分栽。扦插，在5—6月进行，将一年生枝剪成有2～3节的插穗，去掉一部分叶片插于沙床中，保持湿润，当年可生根。

园林应用：株丛密集，竹竿矮小，枝叶秀丽。常用于盆栽观赏，点缀小庭院和居室，也常用于制作盆景或作为低矮绿篱材料。

●凤尾竹

粉单竹

Bambusoideae cerosissima 竹科箣竹属

● 粉单竹

别名：单竹

形态特征：丛生型竹类，秆高3～7 m，径约5 cm，顶端下垂甚长。秆表面幼时密被白粉，节间长30～60 cm。每节分枝多数且近相等。每小枝有叶4～8枚，叶片线状披针形，长20 cm，宽2 cm，质地较薄。

分布习性：产于中国南部，分布广东、广西、湖南、福建，广东、广西、湖南、福建部分地区广泛栽培。以300 m以下的缓坡地、平地、山脚和河溪两岸生长为佳，在酸性土或石灰质土壤中均能生长。

繁殖栽培：移鞭繁殖。

园林应用：片植于园林的山坡、院落或道路、立交桥边。

● 粉单竹

佛肚竹

Bambusa ventricosa 禾本科簕竹属

别名： 佛竹、罗汉竹、密节竹、大肚竹、葫芦竹

形态特征： 丛生型竹类，秆高8～10 m。秆有2～3种类型：正常秆之间为圆筒形，中间类型秆为棍棒状，畸形秆节间则呈瓶状。秆箨无毛。箨片披针形，直立或上部箨盘略向外翻转，脱落性叶鞘无毛，鞘口繸毛开展成束，灰白色。叶耳多少显著。叶片两面均多少具小刺毛。

分布习性： 产于广东，现我国南方各地以及马来西亚和美洲均有引种栽培。喜温暖、湿润的环境，喜阳光，不耐旱，也不耐寒，宜在肥沃疏松的沙壤中生长。

繁殖栽培： 移植母竹或埋鞭根繁殖。生长季节均可移植。

园林应用： 枝叶四季常青，其节间膨大，状如佛肚，形状奇特，故得名佛肚竹。为我国广东特产，是盆栽和制作盆景的良好材料。

佛肚竹

佛肚竹

佛肚竹

黄金间碧竹

Bambusa vulgaris 'Vittata' 禾本科簕竹属

别名：绿皮黄筋竹、碧玉间黄金竹

形态特征：大型丛生竹，高达18 m，粗达10 cm。竹竿金黄色，节间带有绿色纵条纹。

分布习性：分布于安徽、江西、福建、湖南、四川、云南、贵州等地。

繁殖栽培：母竹移植或埋竹鞭繁殖。

园林应用：色彩美丽，点缀美化环境，金碧生辉，具有很好的观赏性。可营造大型园林竹景，植于假山、岩石、亭旁，无不相宜。

● 黄金间碧竹

●黄金间碧竹

孝顺竹

Bambusa multiplex 禾本科簕竹属

● 孝顺竹 叶

● 孝顺竹

别名：凤凰竹、蓬莱竹、慈孝竹

形态特征：丛生竹，秆高3～8 m，径1～3 cm。秆直立密生，梢端向外弯曲，形似花篮或喷泉，丛态优美。幼秆微被白粉，节间圆柱形，上部有白色或棕色刚毛。秆绿色，老时变黄色，梢稍弯曲。枝条多数簇生于一节，每小枝着叶5～10片，叶片线状披针形或披针形，顶端渐尖，叶表面深绿色，叶背粉白色，叶质薄。

分布习性：原产于我国，主产于广东、广西、福建、西南等地区。喜光，稍耐阴。喜温暖、湿润的环境，不甚耐寒。上海能露地栽培，但冬天叶枯黄。喜深厚肥沃、排水良好的土壤。

繁殖栽培：以主要移植母竹（分兜栽植）为主，亦可埋兜、埋秆、埋节繁殖。

园林应用：竹竿丛生，四季青翠，姿态秀美，宜于宅院、草坪、角隅、建筑物前或河岸种植。若配置于假山旁侧，竹石相映，更富情趣。

阔叶箬竹

Indocalamus latifolius 禾本科箬竹属

● 阔叶箬竹

● 阔叶箬竹 叶

别名：箬竹、箬叶竹

形态特征：灌木状竹类，秆高1 m。节下具淡黄色粉质毛环，秆箨外面具棕色小刺毛。箨舌截平。叶小，条状披针形。叶片大，长圆形，下面近基部有粗毛。笋期5月。

分布习性：山东、江苏、浙江、安徽、湖南及西南等地有分布。生于山谷、荒坡或林下。喜阳光充足、温暖、湿润的环境，较耐寒，耐旱，耐半阴。不择土壤，在轻度盐碱土中能正常生长。

繁殖栽培：分株或竹鞭繁殖。春季进行，种植时根部带泥。栽培管理粗放。

园林应用：秆丛状密生，叶大翠绿，姿态雅丽，常作地被植于疏林下、林缘、坡地、路边，也可植于河边护岸或大面积覆盖地表，护坡固土。

兰科植物

兰科植物（Orchids）属单子叶植物，全世界兰科植物有2万多种，为珍贵观赏植物类群。兰科植物主要分地生兰和附生兰，少数为腐生兰。兰科植物多喜温暖、湿润环境，喜疏松透气富含腐殖质的土壤。兰科花卉品种众多，花形奇特，花色艳丽，现多开发成高档商品花卉。

白芨

Bletilla striata 兰科白芨属

● 白芨

形态特征：多年生草本，株高20～60 cm。球茎扁圆形，有荸荠状环纹。叶披针形或阔叶披针形，先端渐尖，基部鞘状抱茎，叶多平行纵褶。花茎自叶丛中抽出，总状花序顶生，着花4～10朵。淡红色或淡紫色。花期4—5月，果期10—11月。

分布习性：分布于我国中南、西南、长江流域地区，日本、朝鲜也有分布。喜温暖、湿润的环境，耐寒、耐半阴，忌阳光直晒。在富含腐殖质的沙质壤土中生长良好。华东地区可露地栽培。夏季高温干旱时，叶片易发黄，霜后地上部分枯萎。

繁殖栽培：分株繁殖为主，在早春或秋季进行，将假鳞茎分割成小块，每块带2～3芽眼，伤口涂抹草木灰。栽培白芨的关键是适当遮阴，生长期保持土壤湿润，花谢后施1次饼肥和少量过磷酸钙使来年开花多而色泽鲜艳。

园林应用：耐阴湿观花观叶地被植物。可布置花坛、花境，片植于疏林下或林缘。

● 白芨

大花蕙兰

Cymbidium hyridus 兰科兰属

别名：虎头兰、洋兰

形态特征：多年生附生性草本植物。假鳞茎椭圆形，粗大，叶宽而长，下垂，浅绿色，有光泽。花葶斜生，稍弯曲，有花6～12朵。花大，色泽艳丽，花色主要有红色、紫红色、桃红色、白色、黄色、淡绿色。花略带香气。

分布习性：原产于我国西南地区。常野生于溪沟边和林下的半阴环境。喜冬季温暖和夏季凉爽。

繁殖栽培：目前主要采用组织培养繁殖方法。

园林应用：叶长碧绿，花姿粗犷，豪放壮丽，花朵硕大，属豪华高雅型兰花，可盆栽或作高档年宵花卉栽培。

● 大花蕙兰

● 大花蕙兰

● 大花蕙兰

● 大花蕙兰

蝴蝶兰

Phalaenopsis amabilis　兰科蝴蝶兰属

别名：蝶兰、台湾蝴蝶兰

形态特征：附生兰。茎极短，常为叶鞘所包被。叶片稍肉质，常3～4枚或更多，椭圆形、长圆形或镰刀状长圆形，长10～20 cm，宽3～6 cm。花序侧生于茎的基部，长达50 cm，不分枝或有时分枝。常数朵花由基部向顶端逐朵开放。花色有白色、淡紫色、鹅黄色等，花期长。花期4—6月。

分布习性：原生地为亚洲热带地区。喜高温、高湿、通风透气环境，耐半阴，忌烈日直射，越冬温度不低于15 ℃。

繁殖栽培：目前主要采用组织培养繁殖法。

园林应用：花姿婀娜，花色高雅，在世界各国广为栽培。多作高档礼品花卉，盆栽观赏。

● 蝴蝶兰　● 蝴蝶兰　● 蝴蝶兰　● 蝴蝶兰

卡特兰

Cattleya hybrida 兰科卡特兰属

别名： 嘉德利亚兰、加多利亚兰、卡特利亚兰

形态特征： 附生兰。园艺杂种。茎通常膨大成假鳞茎状，顶部生有叶1～3枚，革质。花单朵或数朵排列成总状花序，着生于假鳞茎顶端，花大而美丽，色泽鲜艳而丰富。

分布习性： 原产于热带美洲，均为附生兰，常附生于林中树上或林下岩石上。喜温暖、潮湿和充足的光照。通常用蕨根、苔藓、树皮块等盆栽。

● 卡特兰

繁殖栽培： 分株、组织培养或无菌播种繁殖。生长时期需要较高的空气湿度，适当施肥和通风。

园林应用： 花大，雍容华丽，花色娇艳多变，花朵芳香馥郁，在国际上有"洋兰之王""兰之王后"的美称，为高档年宵花卉。

● 卡特兰

绶草

Spiranthes sinensis 兰科绶草属

别名：盘龙参、龙抱柱、双瑚草

形态特征：地生兰，高15～50 cm。肉质根，基部生有2～4枚叶，叶条状披针形或条形，长10～20 cm。花被为淡粉红色，唇瓣囊状。总状花序顶生，长10～20 cm，具多数密生的小花，似穗状、呈螺旋状排列，花白色或淡红色，如小龙盘在柱上。蒴果长约5 mm。花期2—4月。

分布习性：广布于我国各省区，朝鲜、日本也有分布。生于海拔400～3 200 m的山坡林下或草地。

繁殖栽培：种子或分株繁殖。

园林应用：盘旋而上的小花朵极其可爱，宛如在城市与乡村间游走的精灵，可用来点缀草坪或片植林下。

●绶草

扇脉杓兰

Cypripedium japonicum 兰科杓兰属

● 扇脉杓兰

别名：双叶兰、兰花双叶草

形态特征：多年生草本。根茎细长匍生，节上簇生须根。茎单一，高20～40 cm。叶2枚，生茎端，略成对生状，扇形至扇状四角形。前缘波状，长可达16 cm，宽22 cm，脉扇状。花大型，单生于花梗顶端。花梗由叶腋间抽出，长10～15 cm。花瓣开张，淡黄绿色，唇瓣特大，呈囊状，有紫斑。蒴果具喙，被柔毛。种子细微，多数。花期5月。

分布习性：分布于陕西、四川、湖北及华南各地。生于山地沟谷杂木林下或灌木林中。

繁殖栽培：分株繁殖。

园林应用：叶大如扇，花大而美丽，可盆栽观赏。

● 扇脉杓兰

铁皮石斛

Dendrobium officinale 兰科石斛属

● 铁皮石斛

别名：铁皮兰、黑节草

形态特征：附生兰。茎圆柱形，高15～50 cm。叶鞘带肉质，矩圆状披针形，长3～6.5 cm，宽0.8～2 cm，顶端略钩。总状花序生于具叶或无叶茎的中部，有花2～4朵。花淡黄绿色，稍有香气。花瓣短于萼片，唇瓣卵状披针形，先端渐尖或短渐尖，近上部中间有圆形紫色斑块。花期4—6月。

分布习性：分布于我国秦岭、淮河以南的安徽、浙江、云南、贵州、四川等地的山区。生于高山峻岭、悬崖峭壁和岩石缝隙中。喜温暖、湿润气候。

繁殖栽培：主要以组织培养为主。

园林应用：植株常年翠绿，花色淡雅可爱，可作盆栽点缀室内之用，且具有较高的药用价值。

● 铁皮石斛

金钗石斛

Dendrobium nobile 兰科石斛属

别名：金钗石、扁金钗、扁黄草、扁草

形态特征：附生兰。茎丛生，上部稍扁而稍弯曲上升，高10～60 cm，粗达1.3 cm，具槽纹，节略粗，基部收窄。叶近革质，长圆形或长椭圆形，长6～12 cm，宽1～3 cm，先端2圆裂，花期有叶或无叶。总状花序有花1～4朵。花大，下垂，花被片白色带浅紫色，先端紫红色。唇瓣倒卵状矩圆形，先端圆形，唇盘上面具1紫斑。蒴果。花期4—6月。

分布习性：主产于四川、广西、云南、贵州等地。生于林中树上和岩石上。

繁殖栽培：分株繁殖。

园林应用：花色亮丽、典雅，可作室内盆栽植物，点缀客厅、房间。

● 金钗石斛

● 金钗石斛 果实

● 金钗石斛

台湾独蒜兰

Pleione formosana 兰科独蒜兰属

形态特征：多年生草本，地生或附生。假鳞茎卵圆形或圆锥形，长2~3 cm。花通常单生，淡紫色或粉红色，唇瓣上有多数暗紫红色的斑点。花期4—6月。

分布习性：分布于中国长江流域及以南的广大地区，海拔900 m以上的阔叶林下。喜温暖、湿润和半阴的环境。

繁殖栽培：分株或无菌播种繁殖。用泥炭、苔藓或腐殖土浅盆栽植，需根部透气排水良好。

园林应用：花形奇特，花色艳丽，为珍贵的小型盆栽花卉。

● 台湾独蒜兰

文心兰

Oncidium papilio 兰科文心兰属

别名：舞女兰、金蝶兰、瘤瓣兰

形态特征：多年生附生兰。假鳞茎卵圆形。多数1叶，带状，革质，常有深红棕色斑纹。花茎粗壮，圆锥花序，小花黄色，有棕红色斑纹，花朵连续开放，花期可达全年。

分布习性：分布于巴西、委内瑞拉、秘鲁等地。喜温暖、潮湿与疏荫环境。

繁殖栽培：组织培养和分株繁殖。

园林应用：植株轻巧、潇洒，花茎轻盈下垂，花朵奇异可爱，形似飞翔的金蝶，极富动感，适合于家庭居室和办公室瓶插，也是加工花束、小花篮的高档用花材料。

文心兰

线叶玉凤花

Habenaria linearifolia 兰科玉凤花属

别名：十字兰

形态特征：线叶地生兰，植株高25～80 cm。块茎肉质，卵球形至球形。茎直立，茎上散生多枚叶，叶自基部向上渐小成苞片状。中下部叶片线形，先端渐尖，基部扩大呈鞘状抱茎。总状花序具花8～20朵。花白色或绿白色，花瓣卵形，唇瓣长10～12 mm，侧裂片稍短于中裂片，向前弯，先端撕裂呈流苏状。花期6—8月，果期10月。

分布习性：分布于江苏、安徽、江西、福建等地，朝鲜、日本也有分布。生于山坡阴湿处和沟谷草丛中。

繁殖栽培：分株繁殖。

园林应用：花色淡雅，可点缀岩石、假山等处。

● 线叶玉凤花

● 线叶玉凤花 果实

食虫植物

食虫植物（Carnivorous Plants）是一个稀有的类群，指能够捕食昆虫的植物。已知的食虫植物全世界共10科21属600多种。食虫植物一般具备引诱、捕捉、消化昆虫及吸收昆虫营养的能力，大多生活在高山湿地或低地沼泽中，以诱捕昆虫或原生动物以及小动物来补充营养物质的不足，故也称为"食肉植物"。

茅膏菜

Drosera pelata　茅膏菜科茅膏菜属

● 茅膏菜　叶

别名：地胡椒、食虫草、落地珍珠、苍蝇网

形态特征：多年生陆生草本，高10～30 cm。具明显的茎。根茎短。叶互生或基生，密集成莲座状，被腺毛。聚伞花序单一或分叉，顶生或腋生。萼片5枚，稀4～8枚，基部多少食生，宿存。花瓣5枚，分离，花后扭转凋存。雄蕊与花瓣同数，互生。蒴果。花期4—7月，果期9—10月。

分布习性：分布于福建、广东、台湾等地。生于山区阴湿斜坡，或湿地水沟旁，喜充分阳光。

繁殖栽培：多用叶扦插繁殖。

园林应用：多作为奇异花卉盆栽或点缀于沼泽园或供植物教学之用。

● 茅膏菜　花

● 茅膏菜

圆叶茅膏菜

Drosera rotundifolia 茅膏菜科茅膏菜属

形态特征：多年生柔弱小草本，高6～25 cm。茎单一或上部分枝。根生叶较小，圆形，花时枯雕。茎生叶互生，有细柄，长约1 cm。叶片弯月形，横径约5 mm，基部呈凹状，边缘及叶面有多数细毛，分泌黏液，短总状花序，着生枝梢。花期6—9月，果期9—12月。

分布习性：分布于福建、浙江、广东、台湾等地。生于湿地或水沟旁。喜充分阳光和湿润环境。

繁殖栽培：多用叶扦插繁殖。

园林应用：多作为奇异花卉盆栽或点缀于沼泽园或供植物教学之用。

● 圆叶茅膏菜

● 圆叶茅膏菜 果实

● 圆叶茅膏菜

匙叶茅膏菜

Drosera spathulata 茅膏菜科茅膏菜属

● 匙叶茅膏菜　花

形态特征：多年生常绿草本。茎极短缩。叶皆基生，呈镶嵌式。叶片匙形，无明显的叶柄，上面密被紫红色腺毛，毛长可达5 mm。花茎自叶丛抽出，高10～15 cm。花淡红色，侧生于花茎顶端，排列成总状花序。花期6月，果期9—11月。

分布习性：分布于我国福建、浙江、广东、台湾等地。生于低海拔湿地或水沟旁。喜充分阳光和湿润环境。

繁殖栽培：多用叶扦插繁殖。

园林应用：多作为奇异花卉盆栽或点缀于沼泽园或供植物教学之用。

● 匙叶茅膏菜

猪笼草

Nepenthes mirabilis 猪笼草科猪笼草属

●猪笼草

别名：猪仔笼、忘忧草

形态特征：多年生常绿草本或半木质化藤本，食虫植物，附生性。茎平卧或攀缘。叶互生，长椭圆形，全缘，中脉延长成卷须，末端有一小瓶状叶笼，近圆筒形瓶状，瓶口边缘厚，上有小盖，成长时盖张开，不能再闭合，笼色以绿色为主，有褐色或红色的斑点和条纹。雌雄异株，总状花序，长30 cm，蒴果，种子多数。

分布习性：原产于东南亚和澳大利亚的热带地区。喜温暖、湿润和半阴环境。不耐寒，怕干燥和强光。

繁殖栽培：扦插繁殖在5—6月进行；压条繁殖；播种繁殖，种子宜即采即播。

园林应用：美丽的叶笼特别诱人，是目前食虫植物中最受人喜爱的种类。常用于盆栽或吊盆观赏，点缀客室花架、阳台和窗台，悬挂小庭园树下和走廊旁，十分优雅别致。

●猪笼草

短梗挖耳草

Utricularia caerulea 狸藻科狸藻属

● 短梗挖耳草　花

形态特征：一年生陆生、纤细草本。假根丝状。匍匐枝丝状，具稀疏的分枝。叶器基生呈莲座状和散生于匍匐枝上，狭倒卵状匙形，无毛，具1脉。捕虫囊散生于匍匐枝及侧生于叶器上，卵球形，侧扁，具柄。总状花序直立，花冠蓝紫色，喉部常有黄斑。蒴果球形或长球形，种子多数。花果期4—9月。

分布习性：分布于我国东南部和南部地区，日本、朝鲜、菲律宾、印度尼西亚、日本和澳大利亚北部亦有。生于阴湿处或滴水岩壁上。

繁殖栽培：播种繁殖。

园林应用：可点缀于沼泽园、假山岩壁上，亦可作趣味食虫盆栽。

● 短梗挖耳草

黄花狸藻

Utricularia aurea 狸藻科狸藻属

别名：水上一枝黄花、黄花挖耳草

形态特征：一年生水生草本，长30～100 cm。浮于水面或于泥地蔓生。茎细长，多分枝。叶器多数，互生，一至数回羽状分裂。末回裂片丝状，具细钢毛。一次裂片基部生有捕虫囊，近卵形。总状花序腋生。小花5～12朵，花冠黄色。蒴果球形。种子多数，扁平。花果期6—11月。

分布习性：产于我国东南、西南、华南地区，日本、菲律宾也有分布。喜温暖和光照充足的环境。

繁殖栽培：播种或扦插繁殖。

园林应用：可在大型水体设有立体绿化或水面绿化的区域种植，可增加水体的景观多样性，特别当其开花时，效果更好，一枝枝黄色的花序挺出水面，有神秘、幽深意境。一般用于小型水草水族箱单独种植效果好。

● 黄花狸藻 花

● 黄花狸藻 捕虫囊

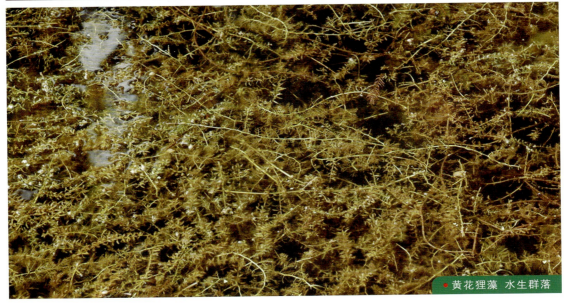

● 黄花狸藻 水生群落

●黄花狸藻 花

蕨类植物

蕨类植物（Ferns）是高等植物中比较低级的一门，也是最原始的维管植物，全世界约有12 000种，广泛分布。不具花，以孢子繁殖。蕨类植物叶形奇特，惹人喜爱。喜阴湿环境，园林中多作观叶植物栽培。

翠云草

Selaginella uncinata 卷柏科卷柏属

● 翠云草

别名：龙须、蓝草、蓝地柏、绿绒草

形态特征：多年生草本。茎伏地蔓生，极细软，分枝处常生不定根，多分枝。小叶卵形，孢子叶卵状三角形。叶色呈蓝绿色，其主茎很纤细，呈褐黄色，分生的侧枝着生细致如鳞片的小叶。

分布习性：产于我国中部、西南和南部各地。多生于海拔40～1 000 m处的林下阴湿岩石上、山坡或溪谷丛林中。喜温暖、湿润的半阴环境，盆土宜疏松透水且富含腐殖质。

繁殖栽培：以分株繁殖为主，春季找出带不定根的茎段，栽于新盆中。也可用孢子繁殖。

园林应用：其羽叶细密，并会发出蓝宝石般的光泽，可盆栽点缀书桌、矮几，作为小型盆栽或置于支架上，十分可爱。

● 翠云草

巢蕨

Neottopteris nidus 铁角蕨科巢蕨属

● 巢蕨 叶

别名：鸟巢蕨、山苏花

形态特征：植株高100～120 cm。叶辐射状环生于根状短茎周围，中空如鸟巢，故名。叶阔披针形，革质，两面滑润，锐尖头或渐尖头，向基部渐狭而长下延，全缘。有软骨质的边，干后略反卷，叶脉两面稍隆起。

分布习性：原产于热带、亚热带地区，我国海南岛、云南南部和台湾热带雨林中均有分布。喜温暖、阴湿环境，常成大丛附生在大树分枝上或石岩上。不耐寒，生长适温为20～25 ℃，冬季温度不低于0 ℃。

繁殖栽培：繁殖可采挖自生苗株盆栽培育，也可在温室内用叶背孢子。

园林应用：叶片密集，碧绿光亮，为著名的耐阴观叶植物，常用以制作吊盆或吊篮。在热带园林中，常栽于林下或附生岩石上，以增野趣。

● 巢蕨

盾蕨

Neolepisorus ovatus 水龙骨科盾蕨属

● 盾蕨

形态特征：中型陆生蕨，植株20～40 cm。根状茎较长，横走，密被褐色卵状披针形鳞片。叶片卵状矩圆形，基部较宽，侧脉明显，厚纸质。孢子囊群大，圆形，排列于侧脉两旁。

分布习性：我国长江以南各地及台湾地区均有分布。多生于山谷、林下等阴湿之处。喜半阴、温暖、湿润环境。耐寒，稍耐旱，耐贫瘠。在疏松及排水良好的中性土中生长极佳。

繁殖栽培：分株或孢子繁殖。分株在春季进行，切取根状茎异地栽植，覆土稍浅，适当庇荫。

园林应用：片植于建筑物耐阴面或其他阴湿处作景观地被，也可盆栽于室内观赏。

● 盾蕨

卷柏

Selaginella tamariscina　卷柏科卷柏属

● 卷柏

别名：一把抓、老虎爪、长生草、万年松、九死还魂草

形态特征：多年生直立草本蕨类植物，高5～15 cm。顶端丛生小枝，小枝扇形分叉，辐射开展，扁平状，浅绿色，干时内卷如拳，茎棕褐色。叶斜向上，不并列，卵状矩圆形，边缘有微齿。孢子囊穗生于枝顶，四棱形，子叶卵状三角形，子囊圆肾形。

分布习性：分布于我国少部分地区。喜生于海拔800 m的岩石缝中。

繁殖栽培：孢子繁殖。

园林应用：枝叶舒展翠绿可人，室内微型盆景，四季常绿，形如高山劲松，具有极高的观赏价值。用于假山、大型盆景栽培点缀，可以大大提高观赏价值。

狗脊

Woodeardia japonica　乌毛蕨科狗脊属

形态特征：植株高50～130 cm。叶簇生，叶片长圆形或卵状披针形，长30～80 cm，宽20～30 cm，先端渐尖并为深羽裂，基部不缩狭，2回羽裂，羽片互生或近对生，近平展或斜向上。孢子囊群线形，通直，顶端指向前，着生于中脉两侧的网脉上。

分布习性：分布于我国诸多省，日本、朝鲜及越南北部也有分布。生于有森林、灌丛的山地，少生于湿地或草山。

繁殖栽培：分株或孢子繁殖。管理粗放。

园林应用：在荫蔽处成片种植或盆栽室内观赏，也可用于布置花境、花坛等地。

● 狗脊

● 狗脊

贯众

Cyrtomium fortunei 鳞毛蕨科贯众属

形态特征：多年生常绿草本，株高25~50 cm。根状茎短。叶簇生，单数一回羽裂，叶片矩圆披针形或阔披针形，叶柄基部密生黑褐色大鳞片。羽片镰状披针形，基部一侧耳状凸起。孢子囊群生于羽片下面内藏小脉顶端。

分布习性：我国华北、西北和长江以南各地有分布。生于溪沟边、石缝间、山坡林下。耐寒，耐阴湿，不择土壤，自繁能力强。

繁殖栽培：分株或孢子繁殖。管理粗放。

园林应用：在荫蔽处成片种植作地被，亦可植于岩石、假山处。

●贯众

海金沙

Lygodium japonicum 海金沙科海金沙属

● 海金沙

别名：铁蜈蚣、金砂截、罗网藤、铁线藤、蛤唤藤、左转藤

形态特征：多年生攀缘草本。根茎细长，横走，黑褐色或栗褐色，密生有节的毛。茎无限生长。叶多数生于短枝两侧，短枝长3~8 mm，顶端有被毛茸的休眠小芽。叶2型，纸质，营养叶尖三角形，2回羽状，小羽片宽3~8 mm，边缘有浅钝齿。孢子叶卵状三角形，羽片边缘有流苏状孢子囊穗。孢子囊梨形，环带位于小头。孢子期5—11月。

分布习性：原产于亚洲暖温带至热带地区，我国各地均有分布，主要产于广东、浙江地区。生于山坡草丛或灌木丛中。耐光，忌阳光直射。

繁殖栽培：孢子繁殖。

园林应用：枝蔓纤细伸长，叶片浓绿常青，长江流域可露地栽培作绿篱材料。可搭设亭阁牌楼式支架，枝蔓缠满，为常青观叶花卉，可布置厅堂、会场。

● 海金沙

里白

Diplopterygium glaucum 里白科里白属

别名：大蕨萁、蕨萁

形态特征：多年生蕨类植物，植株高达1.5 cm或更高。根状茎横走，被鳞片。叶柄长约60 cm，有1个密被棕色鳞片的大顶芽，不断发育形成新羽片。二回羽裂，一回羽片对生，小羽片互生，平展，与羽轴几成直角。叶纸质，上面绿色，下面灰白色。

分布习性：广布于我国长江以南。多成片生于林下、山谷、沟边等阴湿环境，形成里白灌木状群落。喜温暖、阴湿、疏松肥沃的土壤，但不耐寒。

繁殖栽培：孢子或分株繁殖。分株宜在春季进行，于阴处培育或直接绿化。

园林应用：植株高大，羽叶覆盖面大，有极强的群栖性，可作为林下地被，或盆栽观赏。

里白

肾蕨

Nephnolepis cordifoolia 肾蕨科肾蕨属

● 肾蕨

别名： 蜈蚣草、圆羊齿、篦子草、石黄皮

形态特征： 为中型地生或附生蕨，株高一般30～60 cm。地下具根状茎，地上部分呈簇生披针形，叶长30～70 cm，宽3～5 cm，一回羽状分裂。初生的小复叶呈抱拳状，具有银白色的茸毛，展开后茸毛消失，成熟的叶片革质光滑。羽状复叶主脉明显而居中，侧脉对称地伸向两侧。孢子囊群生于小叶片各级侧脉的上侧小脉顶端，囊群肾形。

分布习性： 原产于热带亚热带地区，我国的福建、广东、台湾、广西、云南、浙江等南方地区都有分布。常见于溪边林中或岩石缝内或附生于树木上，野外多成片分布。喜温暖、湿润的环境，不耐强光。

繁殖栽培： 分株繁殖或孢子繁殖，以分株繁殖为主。容易栽培，生长健壮，管理粗放。

园林应用： 株形直立丛生，复叶深裂奇特，叶色浓绿且四季常青，形态自然潇洒。广泛地应用于客厅、办公室和卧室的美化布置，是目前国内外广泛应用的观赏蕨类。

● 肾蕨

胎生狗脊

Woodwardia prolifera 乌毛蕨科狗脊蕨属

● 胎生狗脊 叶

形态特征：多年生蕨类植物，植株高70～135 cm或更高。根状茎粗短，斜升，密被红棕色、卵状披针形鳞片。叶近簇生。叶柄长35～50 cm，深禾秆色，基部密被鳞片。叶片卵状长圆形，二回羽状深裂。羽片披针形。叶脉不明显，沿中脉两侧各有1～2行长圆形网眼，上面常有许多小芽孢，着生于裂片的主脉两侧网眼的交叉点上，芽孢萌发后有基部密被鳞片的匙形幼叶一片，脱离母体后能长成新植株。

分布习性：分布于江西、福建、台湾、广东、广西等地，日本也有分布。生长在海拔较低的山地丘陵区。喜阳光，喜湿润。

繁殖栽培：孢子繁殖或芽孢繁殖。

园林应用：植株壮大挺拔，是具有较大发展前景的中亚热带园林绿化植物，也可作盆栽观赏。

● 胎生狗脊

多肉植物

多肉植物（Succulents），又称为多浆植物，这类植物的根、茎、叶三种器官中至少有一种具有肥厚多汁的薄壁组织。它们大多生长在干旱沙漠或降水较少的地区，当根系无法从土壤中获得水分之时，可以依靠其多汁的肉质器官来贮藏水分维持生命。

多肉植物作为盆栽在世界各地广受欢迎，目前常见的种类大多属于景天科和仙人掌科，南非与墨西哥是世界上盛产多肉植物的国家。

近年来，多肉植物在我国广泛栽培，并具备相当数量的铁杆拥趸，故本书撷取市场常见的大众多肉品种，单列一类。

龙舌兰

Agave americana 龙舌兰科龙舌兰属

● 龙舌兰

形态特征：多年生大型肉质亚灌木，株高2 m，株幅可达3 m。茎短，稍木质。叶呈莲座式排列，肉质，线状披针形，长1～2 m，叶缘具有疏刺，顶端有1硬尖刺，刺暗褐色。圆锥花序大型，长达6～12 m，花黄绿色，花期夏季。

分布习性：原产于热带美洲，我国亚热带、热带地区有分布。喜阳光充足的全日照环境，稍耐半阴。生长适宜温度15～35℃，低于5℃易受寒害。

繁殖栽培：扦插或分株繁殖。

园林应用：园林中可配植于假山、墙角或沙漠植物温室等处观赏，亦可盆栽。

同属常见栽培的有：

金边龙舌兰 *Agave americana* var. *marginata*：叶边缘有金色斑纹。

● 金边龙舌兰

金边巨麻

Furcraea selloa var. *marginata*　龙舌兰科巨麻属

● 金边巨麻

别名： 金边缝线麻、金边毛里求斯麻

形态特征： 多年生肉质草本，株高1.8～2.5 m，株幅3～4 m。叶剑形，硬直，中绿色，边缘黄色，具锯齿，圆锥花序高5～7 m。花淡绿色，花期夏季。

分布习性： 原产于热带美洲，我国华南、华东南部、西南南部可露地栽培。喜光，稍耐半阴；不耐寒，低于5 ℃会受冻害；耐旱，忌水涝；对土壤要求不严。

繁殖栽培： 分株繁殖为主，扦插叶缘会失去黄色斑纹，影响观赏性。

园林应用： 园林中可丛植于草坪、林缘，或点缀于假山、岩石等处。

同属常见栽培应用的有：

黄纹巨麻 *Furcraea foetida* 'Mediopicta'：

别名：黄纹万年麻。叶中部有宽浅黄色条纹。

● 黄纹巨麻

虎尾兰

Sansevieria trifasciata 龙舌兰科虎尾兰属

别名：虎皮兰、虎耳兰

形态特征：多年生常绿肉质草本，株高60～90 cm，株幅30～50 cm。叶常2～6片丛生状，长条状披针形。深绿色，具银灰色横条纹，总状花序。白色，花期春季。

分布习性：原产于非洲西部和亚洲南部，中国各地均有栽培。喜光又耐阴；性喜温暖，不耐寒，低于5 ℃会受寒害；适应性强，耐干旱；对土壤要求不严，以排水性较好的沙质壤土为佳。

繁殖栽培：扦插或分株繁殖。养护管理粗放。

园林应用：叶色翠绿，株形挺拔，是家庭盆栽的佳品。多置于客厅、书房、阳台等处观赏。

●虎尾兰

●短叶虎尾兰

●金边短叶虎尾兰

同属常见栽培的有：

①金边虎尾兰 *Sansevieria trifasciata* 'Laurentii'：

株高70～100 cm，株幅25～40 cm。叶长条状披针形，叶缘金黄色。

②短叶虎尾兰 *Sansevieria trifasciata* 'Harnii'：

株高10～15 cm，株幅10～15 cm。叶短小，宽披针形，深绿色。

③金边短叶虎尾兰 *Sansevieria trifasciata* 'Golden Hahnii'：

叶短小，宽披针形，叶缘两侧具黄色纵条纹。

●金边虎尾兰

露草

Mesembryanthemum cordifolium 番杏科日中花属

● 花叶露草

别名：心叶冰花、心叶日中花

形态特征：多年生常绿肉质草本。茎斜卧。叶肉质，对生，心状卵形，无毛，具小颗粒状凸起。花紫红色，花期夏季。

分布习性：原产于非洲南部，我国常见栽培。喜阳光充足的环境，亦耐半阴，不耐寒，低于0℃会受冻害，耐旱能力强，对土壤要求不严。

繁殖栽培：扦插繁殖为主。

园林应用：枝叶翠绿，花色红艳，可盆栽摆放书桌、案头、窗台等处观赏。因其枝条柔软，可作吊盆悬挂。

同属常见栽培的有：

花叶露草 *Mesembryanthemum cordifolium* 'Variegata'：

为露草的斑锦品种，叶缘具白色斑纹。

●露草 花

沙漠玫瑰

Adenium obesum　夹竹桃科天宝花属

　　别名：天宝花、亚当花、小夹竹桃

　　形态特征：多年生灌木状肉质植物，株高1～2 m，株幅1 m。茎部膨大，叶互生，全缘，倒卵形至倒披针形，伞房花序，花高脚蝶状。花红色、粉色、白色或复色，花期夏季。

　　分布习性：原产于东非、西非、南非及阿拉伯半岛，我国各地常见栽培。喜光，不耐寒，低于5 ℃易受寒害，耐干旱，忌水涝。喜疏松透气的土壤。

　　繁殖栽培：扦插繁殖为主。

　　园林应用：树形古朴苍劲，根茎肥大如酒瓶状，花色鲜红妍丽，形似喇叭，极为别致，深受人们喜爱。华南可地栽布置小庭院，盆栽可装饰室内阳台、窗台等处。

● 沙漠玫瑰　花

● 沙漠玫瑰

鸡蛋花

Plumeria rubra 'Acutifolia'　夹竹桃科鸡蛋花属

● 鸡蛋花　果实

别名：缅栀子、蛋黄花、印度素馨

形态特征：乔木状肉质植物，株高5～8 m。枝条粗壮，肉质，具丰富乳汁。叶长圆状倒披针形，聚伞花序顶生，花冠外面白色，内面黄色。花期夏季。

分布习性：原产于墨西哥，我国广东、广西、云南、福建等省区有栽培。喜高温、湿润与阳光充足的环境，不耐低温，低于8℃即受寒害，耐干旱，忌涝渍。栽植以深厚肥沃、通透良好、富含有机质的酸性沙壤土为佳。

繁殖栽培：扦插繁殖为主。抗逆性好，养护管理粗放。

园林应用：树形婆娑匀称，苍劲挺拔，很有气势。其树冠如盖，满树绿色，自然长成圆头状。花期长，经久不衰，满树繁花，花叶相衬，流彩溢光。花开后清香淡雅。因此，具备绿化、美化、香化等多种效果。在园林布局中可孤植、丛植于公园、庭院、绿带、草坪等处。北方可盆栽观赏。

同属常见栽培的有：

红鸡蛋花 *Plumeria rubra*：

小乔木状肉质植物，株高3～5 m，株幅2～3 m。聚伞花序顶生，花红色，花期夏季。原产于南美。

● 红鸡蛋花

● 鸡蛋花

绿玉菊

Senecio macroglossus 菊科千里光属

形态特征：多年生肉质藤本，藤长可达1～2 m。茎纤细，肉质，带红色，叶互生，3～5裂，叶脉白色明显。头状花序，花黄色，花期夏季。

分布习性：原产于津巴布韦、南非等地。喜温暖干燥和阳光充足的环境，耐半阴，忌烈日暴晒，不耐寒，低于5 ℃会受寒害；耐干旱，怕积水。栽培以疏松透气、排水顺畅的沙质壤土为佳。

繁殖栽培：扦插繁殖为主。主要生长季节在较为凉爽的春秋，宜放在散光处养护，并适当浇水。

园林应用：枝条婀娜飘逸，叶色质厚翠绿，是优美的室内观叶植物。适合作中小型盆栽摆放于书架、柜顶、桌角，或作吊盆栽种，任其枝叶悬垂生长，具有极佳的装饰效果。

同属常见栽培的有：

金玉菊 *Senecio macroglossus* 'Variegatus'：

为绿玉菊的斑锦品种，叶片具大小不一黄斑。

绿玉菊

绿玉菊 花

金玉菊

翡翠珠

Senecio rowleyanus 菊科千里光属

别名：绿之铃、念珠掌

形态特征：多年生蔓状肉质草本，株高5～25 m。叶互生，球状，肉质，具条纹。头状花序，花白色，花期夏季。

分布习性：原产于非洲西南部。喜温暖干燥和阳光充足的环境，耐半阴，夏日忌烈日暴晒。耐干旱，怕积水。栽培以疏松透气、排水顺畅的沙质壤土为佳。

繁殖栽培：扦插繁殖为主。栽培中浇水应"宁干勿湿"，生长季可适当增加浇水，入冬后需严格控制浇水，天气干燥时可以多向叶、蔓喷水以弥补水分的不足，保持珠体的青翠饱满。

园林应用：叶形翠绿圆润，犹如一颗颗珍珠，是颇具奇趣的小型盆栽。可置于书桌、案头赏玩，亦可作吊盆使其自然悬垂而下，极为美观。

● 翡翠珠

金琥

Echinocactus grusonii 仙人掌科金琥属

● 金琥

别名：象牙球、无极球

形态特征：多年生肉质植物，株高30～50 cm。植株通常单生，偶有群生状，扁球形。茎具20～40条棱，刺座上着生金黄色硬刺。花漏斗状，鲜黄色，花期夏季。

分布习性：原产于墨西哥中部。喜温暖干燥和阳光充足的环境，耐半阴，耐干旱，怕积水。栽培以疏松透气、排水顺畅的沙质壤土为佳。

繁殖栽培：扦插或播种繁殖。夏季可适当增加浇水，入秋后需控制浇水，盆土保持稍干燥，入冬后则完全停止浇水。养护管理粗放。

园林应用：盆栽可摆放于书房、窗台、阳台等处观赏，由于金琥晚上可吸收二氧化碳，释放氧气，故是室内净化空气的佳品。

● 金琥

昙花

Epiphyllum oxypetalum 仙人掌科昙花属

别名：月下美人

形态特征：多年生肉质植物，株高1~2 m。茎有两种，基部的茎为圆柱形，稍木质化，上部的茎为扁平状，肉质，边缘具圆齿。花漏斗状，白色，芳香，夜间开放，花寿命仅一天。花期夏季。

分布习性：原产于墨西哥、委内瑞拉、巴西。喜温暖、湿润与阳光充足的环境，忌烈日暴晒；不耐寒，低于5℃会受冻害；较耐旱，忌积水与土壤黏重。

繁殖栽培：扦插繁殖。春夏季可适当增加浇水，掌握"宁干勿湿"的原则，秋冬季需控制水量。喜肥，栽培需施足基肥，生长期每月施肥1次，花前增施磷钾肥，冬季停止施肥。

园林应用：枝叶翠绿，花色素雅，夜晚开放，芬芳四溢，最宜家庭盆栽观赏。可摆放在窗台、阳台上，或植于庭院角隅。

昙花

绯牡丹

Gymnocalycium mihanovichii var. *friedrichii* 仙人掌科裸萼球属

● 绯牡丹

别名：红灯、红牡丹

形态特征：多年生肉质植物，茎扁球形，直径3～4 cm。鲜红、深红、橙红、粉红或紫红色。具8棱，有突出的横脊。成熟球体群生子球。刺座小，无中刺，辐射刺短或脱落。花细长，着生在顶部的刺座上，漏斗形。花粉红色，花期春夏季。

分布习性：为变异品种，由日本园艺家在1941年选育出来，现为仙人掌类最主要的栽培品种。喜温暖干燥与阳光充足的环境，稍耐寒，忌水涝。喜疏松肥沃、排水顺畅的中性土壤。

繁殖栽培：嫁接繁殖。由于球体本身无叶绿素，无法进行光合作用，制造养分，必须嫁接，依靠砧木提供营养才能正常生长。砧木常用量天尺、叶仙人掌等。养护管理粗放。

园林应用：植株小巧玲珑，色彩绚丽丰富，特别是用量天尺嫁接的红色绯牡丹，被冠以"鸿运当头"的吉兆，是逢年过节赠送亲朋好友的佳品。适宜摆放书桌、案头、窗台等处。

● 绯牡丹

令箭荷花

Nopalxochia ackermannii 仙人掌科令箭荷花属

别名：孔雀仙人掌、荷令箭

形态特征：附生类仙人掌植物，高50～100 cm。茎直立，多分枝，群生灌木状。植株基部主干细圆，分枝扁平呈令箭状，绿色。茎的边缘呈钝齿形。花大型，花筒细长，喇叭状，花被重瓣或复瓣，白天开花，夜晚闭合，一朵花仅开1～2天。花色有紫红、大红、粉红等，夏季白天开花，花期为4—6月。

分布习性：原产于美洲热带地区，我国各地盆栽观赏。喜温暖、湿润、阳光充足、通风良好的环境，耐干燥，不耐寒。夏季怕强光暴晒。栽培以疏松肥沃、排水良好的微酸性沙质壤土为宜。

繁殖栽培：扦插或嫁接繁殖。春夏季可适当增加浇水，掌握宁干勿湿的原则，并注意通风，秋冬季需控制水量。喜肥，栽培需施足基肥，生长期每月施肥1次，花前增施磷钾肥，冬季停止施肥。

园林应用：品种繁多，花色艳丽，且有馥郁的香气，深受人们喜爱。以盆栽观赏为主，用来点缀客厅、书房的窗前、阳台、门廊等处。

令箭荷花

仙人掌

Opuntia dillenii 仙人掌科仙人掌属

● 仙人掌

别名：仙巴掌、霸王树

形态特征：肉质常绿灌木，多分枝，株高1.5～2 m。茎扁平，肥厚，倒卵形至长圆形，绿色，刺座具长硬刺。花大，黄色，花期夏季。

分布习性：原产于中南美洲广大区域。喜高温干燥与阳光充足的环境，不耐低温，耐旱能力极强，忌水涝。不择土壤，适应性强。

繁殖栽培：常用扦插、分株等法繁殖。养护管理粗放，夏日注意控制水分，不水涝即可。

园林应用：小型盆栽可放置于书桌、阳台、窗台等处观赏。放置于室内具有净化空气的功效。

● 仙人掌

仙人指

Schlumbergera bridgesii 仙人掌科仙人指属

● 蟹爪兰

形态特征：附生类仙人掌，株高45～60 cm，株幅60～90 cm。茎扁平，肉质，绿色，长圆形或倒卵形，边缘浅波。花紫红色，花期冬末。

分布习性：原产于巴西。喜温暖、湿润与阳光充足的环境，耐半阴；不耐寒，低于5 ℃易受寒害。耐干旱，忌积水。栽培以疏松肥沃、排水顺畅的土壤为宜。

繁殖栽培：扦插或嫁接繁殖。生长适宜温度18～30 ℃，生长季每月浇水2次，冬季每月浇水1次。喜肥，生长期每周施肥1次，开花前增施磷钾肥，有利花繁叶茂。

园林应用：株形丰满，花繁色艳，花期长，且在春节前后开放，是不可多得的年宵花卉。可用于装点书房、客厅、窗台等处。

同属常见栽培的有：

蟹爪兰 *Schlumbergera truncata*：

又名圣诞仙人掌。与仙人指的区别在于株高20～30 cm。茎边缘具锯齿状缺刻。花有粉红、红、橙、白等色。

● 仙人指

黑法师

Aeonium arboreum 'Atropurpureum' 景天科莲花掌属

● 黑法师

别名： 紫叶莲花掌

形态特征： 肉质亚灌木，株高1～2 m。叶呈莲座状，集生于小枝顶部，倒披针形至倒卵形，紫黑色。花黄色，花期春季。

分布习性： 园艺栽培品种。喜温暖、湿润气候，喜光，稍耐阴。生长适宜温度18～28 ℃，低于5 ℃易受寒害，耐干旱。栽培以疏松肥沃、排水顺畅的土壤为宜。

繁殖栽培： 扦插繁殖。春秋季可适当增加浇水，夏季需严格控制浇水，盆土保持干燥。

园林应用： 植株色彩奇特，可作中小盆栽摆放窗台、阳台、书桌、案头。

● 黑法师

大叶落地生根

Bryophyllum daigremontiana 景天科落地生根属

别名：大叶不死鸟

形态特征：多年生肉质草本，株高60～100 cm。叶三角状，肉质，绿色，有时具红褐色斑纹。叶缘常整齐地布满不定芽，芽落地即可生根。圆锥花序顶生，花钟形，粉色至紫色或橙色，花期冬季。

分布习性：原产于非洲。喜温暖干燥气候，喜光。生长适宜温度18～30 ℃，低于0 ℃易受寒害，耐干旱。不择土壤，适应性强。

栽培繁殖：扦插繁殖。生长期每月浇水2次，冬季每月浇水1次。养护管理粗放，通常不需施肥。

园林应用：常见作为中小盆栽摆放书桌、案头观赏。

同属常见栽培的有：

棒叶落地生根 *Bryophyllum tubiflora*：

多年生肉质草本，株高可达100 cm。叶棒状，肉质，灰绿色，具深绿色横斑纹。叶顶部常具不定芽，落地后即可生根。圆锥花序顶生，花钟形，橙色，花期冬季。

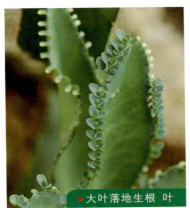
大叶落地生根 叶

大叶落地生根

棒叶落地生根

棒叶落地生根 花

熊童子

Cotyledon tomentosa 景天科银波锦属

形态特征：多年生肉质草本，株高15～25 cm，株幅8～12 cm。叶对生，倒卵形，肥厚，密生白毛，顶部具肉齿，酷似"熊掌"。花红色，花期秋季。

分布习性：原产于南非。喜温暖、凉爽和阳光充足的环境，喜光。生长适宜温度18～30 ℃，低于5 ℃易受寒害，耐干旱。栽培以疏松透气的沙质壤土为宜。

繁殖栽培：扦插繁殖。越夏较困难，夏季休眠期需适当遮阴，忌烈日暴晒。适当控制浇水，仅需保持盆土稍湿润。冬季严格控水，保持盆土干燥。生长期每月施肥1次，冬季停止施肥。

园林应用：植株可爱，造型奇特，常作为奇趣盆栽观赏，可点缀书房、案头等处。

●熊童子

火祭

Crassula capitella 'Campfire' 景天科青锁龙属

别名：秋火莲

形态特征：多年生肉质草本，株高15～25 cm，株幅10～20 cm。茎圆柱形，叶对生，线状披针形，排列紧密。绿色，在秋冬冷凉季节转为火红色。

分布习性：为头状青锁龙的园艺品种。喜光，稍耐阴。喜温暖，生长适宜温度18～30 ℃，低于5 ℃易受寒害，耐干旱。栽培以疏松透气的沙壤土为宜。

繁殖栽培：叶插繁殖。养护需置于光线充足处，荫蔽处则色彩不佳。春秋季可适当增加浇水，夏季需严格控制浇水，盆土保持干燥。

园林应用：市场常见多肉品种，常见用于组合盆栽，也可单独作小型盆栽观赏。

● 火祭

● 火祭

茜之塔

Crassula tabularis 景天科青锁龙属

● 茜之塔

形态特征：多年生肉质草本，株高7～15 cm，株幅8～12 cm。叶交互对生，紧密排列，三角形，绿色，冬季叶转变呈红色，欣赏价值更高。花小，白色，花期秋季。

分布习性：原产于南非。喜光，喜温暖环境，生长适宜温度18～25 ℃，低于5 ℃易受寒害。栽培以疏松透气、排水顺畅的沙质壤土为宜。

繁殖栽培：扦插繁殖。生长期在春天、初夏及秋天，要给予充足的光照，否则会因光照不足影响叶色和光泽。夏季高温时植株处于休眠状态，植株生长缓慢或完全停止，宜放在通风凉爽半阴处，并控制土壤水分。

园林应用：株形奇特，叶排列齐整，冬季叶转红更加赏心悦目。适合作小型盆栽点缀几架、书桌、案头等处，既自然朴素，又玲珑精致。

● 茜之塔

黑王子

Echeveria 'Black Prince' 景天科石莲花属

● 黑王子

形态特征：多年生肉质草本，株高8～12 cm，株幅20～30 cm。叶匙形，肉质，呈莲座状排列，先端急尖，紫黑色。聚伞花序，花红色，花期夏季。

分布习性：园艺栽培品种。喜光，生长适宜温度18～30 ℃，低于0 ℃易受寒害。栽培以疏松透气、排水顺畅的沙质壤土为宜。

栽培繁殖：叶片扦插繁殖。春秋季可适当增加浇水，冬季需严格控制浇水，盆土保持干燥。较喜肥，生长期每月施肥1次。夏季需适当遮阴。

园林应用：市场常见多肉品种，常见用于组合盆栽，也可单独作小型盆栽置于书桌、案头观赏。

● 黑王子

吉娃莲

Echeveria chihuahuaensis 景天科石莲花属

● 吉娃莲

别名：吉娃娃

形态特征：多年生肉质草本，株高5～8 cm，株幅20～30 cm。叶呈莲座状排列，匙形，肥厚，被白粉，先端急尖，叶尖红色。聚伞花序高可达20 cm，花红色，花期春季。

分布习性：原产于墨西哥。喜光，夏季需遮阴。生长适宜温度18～30 ℃，低于0 ℃易受寒害，较耐旱，忌积水。栽培以疏松透气、排水良好的土壤为宜。

栽培繁殖：叶片扦插繁殖。春秋季可适当增加浇水，冬季需严格控制浇水，盆土保持干燥。较喜肥，生长期每月施肥1次。养护管理粗放。

园林应用：习见多肉品种，常用于组合盆栽，也可单独作小型盆栽置于书桌、案头观赏。

● 吉娃莲

大和锦

Echeveria purpusorum 景天科石莲花属

● 大和锦

形态特征：多年生肉质草本，株高5～10 cm，株幅10～20 cm。叶呈莲座状排列，匙形，肥厚，灰绿色，有红褐色斑点。总状花序长可达30 cm，花红色，花期春末。

分布习性：原产于墨西哥。喜光，夏季需遮阴。生长适宜温度18～25 ℃，低于0 ℃易受寒害。较耐旱，忌积水。栽培以疏松透气、排水良好的土壤为宜。

栽培繁殖：叶片扦插繁殖。春秋季可适当增加浇水，冬季需严格控制浇水，盆土保持干燥。较喜肥，生长期每月施肥1次。养护管理粗放。

园林应用：习见多肉品种，常用于多肉组合盆栽，也可单独作小型盆栽置于书桌、案头观赏。

● 大和锦

特玉莲

Echeveria runyonii 'Topsy Turvy' 景天科石莲花属

● 特玉莲

别名：特叶玉牒

形态特征：多年生肉质草本，株高5～10 cm，株幅10～15 cm。叶呈莲座状，匙形，叶缘向下反卷，叶尖向内弯曲，叶灰绿色，被浓白粉。总状花序，橙黄色，花期春末。

分布习性：鲁氏石莲的园艺栽培品种。喜光，夏季需遮阴。生长适宜温度18～25℃，低于0℃易受寒害。较耐旱，忌积水。栽培以疏松透气、排水良好的土壤为宜。

栽培繁殖：叶片扦插繁殖。春秋季可适当增加浇水，冬季需严格控制浇水，盆土保持干燥。较喜肥，生长期每月施肥1次。养护管理粗放。

园林应用：习见多肉品种，常用于多肉组合盆栽，也可单独作小型盆栽置于书桌、案头观赏。

● 特玉莲

长寿花

Kalanchoe blossfeldiana 景天科伽蓝菜属

别名：圣诞伽蓝菜、十字海棠、矮生伽蓝菜

形态特征：多年生肉质亚灌木，株高30～50 cm，株幅40～60 cm。茎圆柱形，易分枝，叶卵圆形，肉质，具钝锯齿。花红色、黄色、玫红色、橙黄色等，亦有重瓣品种。花期春季至秋季。

分布习性：原产于马达加斯加。喜半阴，生长适宜温度18～30 ℃，低于0 ℃易受寒害，耐干旱。

栽培繁殖：扦插繁殖。春秋季可适当增加浇水，冬季需控制浇水。较喜肥，生长期每月施肥1次。养护管理极其粗放。

园林应用：习见多肉品种，常作小型盆栽置于书桌、案头观赏。

同属常见栽培应用的有：

①宫灯长寿花 *Kalanchoe* 'Wendy'：

又名红提灯、蔓生吊钟海棠。多年生肉质亚灌木，株高30～50 cm，株幅20～40 cm。茎圆柱形，易分枝，叶卵圆形，肉质，具钝锯齿。花红色，钟状，下垂，似灯笼，花期春季。

②玉吊钟 *Kalanchoe fedtschenkoi* 'Variegata'：

多年生肉质草本，株高15～25 cm，株幅8～15 cm。茎圆柱形，叶卵圆形，肉质，具斑锦。花橘红色，花期春季。

长寿花   重瓣长寿花

玉吊钟   宫灯长寿花

重瓣长寿花

唐印

Kalanchoe thyrsiflora 景天科伽蓝菜属

别名：牛舌洋吊钟

形态特征：多年生肉质草本，株高40~60 cm。叶较大，肉质，宽倒卵形，叶缘具红色，秋冬季尤为明显。聚伞花序直立，花黄绿色，花期秋季至春季。

分布习性：原产于南非。喜半阴，忌夏季烈日暴晒。生长适宜温度18~30℃，低于0℃易受寒害。耐干旱，忌积水。栽培以疏松透气、排水顺畅的沙质壤土为宜。

栽培繁殖：叶插繁殖。春秋季可适当增加浇水，雨季需置于室内，冬季应控制盆土湿度。较喜肥，生长期每月施肥1次。

园林应用：习见多肉品种，常作小型盆栽置于阳台、窗台观赏。

● 唐印

● 唐印

月兔耳

Kalanchoe tomentosa 景天科伽蓝菜属

● 月兔耳

别名：褐斑伽蓝菜

形态特征：多年生肉质草本，常呈群生状，株高可达20～40 cm。叶互生，长圆形，肉质，灰绿色，密被银白色绒毛，叶缘具钝齿，红褐色。圆锥花序，花钟状，紫褐色，花期春季。

分布习性：原产于马达加斯加。喜半阴，忌夏季烈日暴晒。生长适宜温度18～30 ℃，低于5 ℃易受寒害。耐干旱，忌积水。栽培以疏松透气、排水顺畅的沙质壤土为宜。

栽培繁殖：叶插繁殖。春秋季生长期可适当浇水，并施肥1～2次。夏季需防涝，并注意通风。冬季应控制盆土湿度，室外温度低于10 ℃时搬至室内养护。

园林应用：常见多肉品种，多用于组合盆栽，也可独栽作小型盆栽置于阳台、窗台观赏。

● 月兔耳

子持莲华

Orostachys boehmeri 景天科瓦松属

别名：白蔓莲

形态特征：多年生肉质草本，常呈群生状，株高5～10 cm，株幅不限定。叶莲座状，匙形，肉质，植株基部常生纤细的走茎并长出子株。总状花序，花白色。花期秋季，花后母株死亡。

分布习性：原产于东南亚。喜温暖、湿润和阳光充足的环境。生长适宜温度18～30 ℃，低于0 ℃易受寒害。较耐旱。

栽培繁殖：叶插繁殖。生长期可适当增加浇水，冬季盆土保持干燥。一般不需刻意施肥。

园林应用：株型奇特，甚为美观。常作奇趣盆栽置于书桌、案头观赏。

● 子持莲华

● 子持莲华

● 子持莲华

星美人

Pachyphytum oviferum 景天科厚叶草属

● 星美人

别名：白美人、厚叶草

形态特征：多年生肉质草本，植株常呈群生状，株高10~20 cm。叶倒卵圆形，肥厚，灰白色，被白霜。总状花序，花橙色，花期春季。

分布习性：原产于墨西哥中部。喜温暖、凉爽和阳光充足的环境。生长适宜温度18~30 ℃，低于0 ℃易受寒害。耐旱能力强。

栽培繁殖：叶插繁殖。生长期可适当浇水，夏季需注意通风，并控制浇水，冬季盆土保持干燥，停止水、肥供应。光线暗处叶色暗沉，影响观赏价值。

园林应用：常见多肉品种，多用于组合盆栽，也可独栽作小型盆栽置于阳台、窗台观赏。

● 星美人

黄丽

Sedum adolphi 景天科景天属

形态特征：多年生肉质草本，株高5～8 cm，株幅12～15 cm。叶莲座状，匙形，肉质，黄绿色。花小，白色，花期夏季。

分布习性：原产于墨西哥。喜温暖与光照充足的环境。生长适宜温度18～25 ℃，低于0 ℃易受寒害。耐干旱，忌水涝。栽培以疏松透气的土壤为宜。

栽培繁殖：叶插繁殖。养护管理粗放，需注意光线暗处养护则叶色暗沉，影响观赏价值。

园林应用：常见多肉品种，多用于组合盆栽，也可独栽作小型盆栽置于阳台、窗台观赏。

黄丽

虹之玉

Sedum rubrotinctum 景天科景天属

• 虹之玉

别名：玉米石、耳坠草

形态特征：肉质亚灌木，株高8～20 cm，株幅6～15 cm。叶圆柱形，肉质，具光泽，嫩绿色，先端带红色。聚伞花序，花淡黄色，花期冬季。

分布习性：原产于墨西哥。喜温暖、凉爽、半阴的环境。生长适宜温度18～30 ℃，低于5 ℃易受寒害。耐干旱。

栽培繁殖：叶插繁殖。栽培宜选择疏松透气、排水顺畅的沙质壤土。春秋季保持土壤稍湿润即可，夏季需控制浇水，盆土保持干燥，并忌烈日暴晒。

园林应用：植株小巧玲珑，叶圆润可爱，极富趣味。常作多肉组合盆栽，或单独作小盆栽培赏玩，可置于书桌、窗台观赏。

• 虹之玉

王玉珠帘

Sedum sediforme 景天科景天属

● 王玉珠帘

别名：千佛手、菊丸

形态特征：多年生肉质草本，株高10~20 cm。叶肉质，细长且密而多，向上生长，叶张开时才露出花苞。花为黄色，春夏季开放。

分布习性：原产于墨西哥。喜温暖干燥与阳光充足的环境。生长适宜温度15~25 ℃，低于5 ℃易受寒害。耐干旱。无明显休眠期。

栽培繁殖：叶插繁殖或分株繁殖。栽培以疏松透气的沙质壤土为宜，浇水把握"见干见湿，宁干勿湿"的原则，夏季需适当遮阴。施肥一般在生长季1个月1次，薄肥勤施，可随浇水施入。

园林应用：常作多肉组合盆栽，或单独作小型盆栽置于书桌、窗台等处赏玩。

● 王玉珠帘

虎刺梅

Euphorbia milii 大戟科大戟属

别名： 铁海棠

形态特征： 肉质灌木，原产地株高可达1～2 m。茎圆柱形，灰黑色，密布硬刺，叶披针形至椭圆形，肉质，具白色乳汁。花红色，花期夏季。

分布习性： 原产于马达加斯加。喜温暖、湿润及阳光充足的环境。生长适宜温度15～30 ℃，不耐寒，低于5 ℃易受寒害。耐干旱能力强。对土壤要求不严。

栽培繁殖： 扦插繁殖。春秋季节可全日照，并适当浇水，施肥。夏季休眠期宜置于半阴处，适当控水。越冬期间室温低时叶子完全脱落，进入半休眠状态，此时要严格控制浇水，保持盆土干燥。

园林应用： 华南地区可露地配植于墙隅，或作刺篱。盆栽可置于阳台、窗台观赏。幼茎柔软，可绑扎孔雀等造型，成为宾馆、商场等公共场所摆设的精品。

· 虎刺梅

· 虎刺梅

· 虎刺梅

彩云阁

Euphorbia trigona　大戟科大戟属

别名：三角大戟、龙骨、龙骨柱

形态特征：肉质灌木，原产地株高可达1～2 m。茎三棱状，具白色斑锦，棱上有褐色硬刺。叶排列整齐，卵状披针形，肉质，具白色乳汁。花小，黄色，花期早春。

分布习性：原产于非洲西部。喜温暖干燥与阳光充足的环境，稍耐荫蔽。生长适宜温度15～30℃，不耐寒，低于5℃易受寒害。耐旱能力强。对土壤要求不严。

栽培繁殖：扦插繁殖。春秋季需在阳光充足处养护，盛夏需通风良好，否则会因闷热潮湿引起根部腐烂。生长期应适当浇水，每半月施一次液肥，以促使植株枝繁叶茂。冬季放在室内光线明亮处，维持10℃以上的室温，可继续浇水，使植株正常生长。

园林应用：其分枝繁多，且垂直向上，给人以挺拔向上的感觉，可作大中型盆栽观赏，装饰厅堂、阳台及会议场所等处。此外，可与其他仙人掌类及多肉植物组合盆栽，观赏效果更好。

同属常见栽培应用的有：

红彩云阁 *Euphorbia trigona* ʹRubraʹ：

与彩云阁的区别在于茎具紫红色，棱上有红褐色硬刺，叶紫红色。

● 彩云阁

● 红彩云阁

● 不夜城芦荟

● 不夜城芦荟锦

不夜城芦荟

Aloe × nobilis 百合科芦荟属

形态特征：多年生肉质草本，株高10～25 cm。叶三角形，翠绿色，肥厚，叶缘具白色肉齿。花橘黄色，花期冬季。

分布习性：为园艺杂交品种。喜温暖干燥及阳光充足的环境，耐半阴。生长适宜温度25～30 ℃，低于5 ℃易受寒害。耐干旱，忌盆土积水。栽培以疏松透气、排水顺畅的沙壤土为宜。

栽培繁殖：分株繁殖，可结合换盆进行。将植株基部萌发的幼苗取下，另行栽种即可。养护管理粗放。

园林应用：株形优美紧凑，叶色碧绿宜人，是观赏芦荟中的佳品。适宜作中小型盆栽，点缀窗台、几架、桌案等处，清新雅致，别有情趣。

同属常见栽培应用的有：

不夜城芦荟锦 *Aloe × nobilis* 'Variegata'：

叶面及叶背均有黄白色纵条纹，其条纹的宽窄因植株而异，有时整个叶子都呈黄色。

玉露

Haworthia cooperi　百合科十二卷属

　　形态特征：多年生肉质草本。植株单生，株高5～12 cm。叶呈莲座状，棒状，翠绿色，顶部半透明状，具白色须。花小，白色，花期春末。

　　分布习性：原产于南非。喜凉爽的半阴环境，主要生长期在春、秋季节，耐干旱，不耐寒，忌高温潮湿和烈日暴晒，怕荫蔽，也怕土壤积水。栽培以疏松透气、排水顺畅的沙质壤土为宜。

　　栽培繁殖：叶插繁殖或分株繁殖。夏季需控制浇水，盆土保持稍干燥，春秋季可适当增加浇水。生长季置于光线明亮处养护，夏季忌烈日暴晒。养护管理较为粗放。

　　园林应用：植株玲珑小巧，种类丰富，叶色晶莹剔透，富于变化，如同有生命的工艺品，是近年来备受推崇的小型多肉植物品种之一。适宜作中小型盆栽，点缀窗台、几架、桌案等处。

玉露

条纹十二卷

Haworthia fasciata 百合科十二卷属

● 条纹十二卷

别名：锦鸡尾、条纹蛇尾兰

形态特征：多年生肉质草本，植株常呈群生状，株高10～15 cm。叶三角状披针形，质硬，叶背具横向白色疣状突起。花白色，花期夏初。

分布习性：原产于南非。喜温和凉爽与阳光充足的环境，耐半阴。生长适宜温度15～30℃，低于5℃易受寒害。耐干旱贫瘠。

栽培繁殖：扦插或分株繁殖。浇水把握"宁干勿湿"的原则，养护管理粗放。

园林应用：市场主流多肉种类。适宜作中小型盆栽，点缀窗台、几架、桌案等处。

● 条纹十二卷

树马齿苋

Porulaca afra 马齿苋科马齿苋属

形态特征： 肉质亚灌木，株高可达90～120 cm。叶片呈倒卵状三角形，叶端截形，叶基楔形，肉质，叶面光滑，嫩绿色，富有光泽。花粉红色，花期春末夏初。

分布习性： 原产于南非。喜温暖干燥与阳光充足环境，耐半阴。生长适宜温度18～25 ℃，低于0 ℃易受寒害。耐旱能力强。

栽培繁殖： 扦插繁殖。生长期要求有充足的阳光，可使株形紧凑，叶片光亮，小而肥厚。但夏季高温时可适当遮光，以防烈日暴晒，并注意通风。生长期浇水做到"不干不浇，浇则浇透"，避免盆土积水，否则会造成烂根。生长期每15～20天施1次液肥或复合肥。冬季停止施肥，控制浇水，温度最好控制在10 ℃以上。若置于5 ℃以下的环境，植株虽不会死亡，但叶片会大量脱落。

园林应用： 枝叶紧凑，造型雅致，常制作成盆景摆放于书桌、几案，为室内增添古朴典雅的氛围。

同属常见栽培应用的有：

斑叶树马齿苋 *Portulacaria afra* 'Variegata'：

又名雅乐之华。为树马齿苋的斑锦变异品种。新叶的边缘有红晕，在阳光充足的条件下尤为明显，以后随着叶片的长大，红晕逐渐后缩，最后在叶缘变成一条粉红色细线，直到完全消失。叶片大部分为黄白色，只有中央的一小部分为淡绿色。小花淡粉色。

●树马齿苋

●斑叶树马齿苋

斑叶树马齿苋

大花马齿苋

Portulaca grandiflora 马齿苋科马齿苋属

别名：松叶牡丹、太阳花

形态特征：一年生肉质草本，株高15～25 cm。茎呈匍匐状，易生不定根，叶棒状披针形，肉质，翠绿色。花粉红色、白色、红色、黄色等，花期较长，春季至夏末。

分布习性：原产于南美。喜温暖、潮湿与阳光充足的环境，不耐荫庇，不耐寒，极耐贫瘠。在疏松透气的沙质壤土中长势好。

栽培繁殖：播种繁殖。养护管理粗放，注意防止水涝即可。

园林应用：花色繁多，花期长，且耐热，可用于装点夏日花坛、花境。

同属常见栽培应用的有：

①阔叶马齿苋 *Portulaca oleracea* 'Granatus'：

叶片扁平，肥厚，倒卵形，顶端圆钝或平截，有时微凹。花期6—9月。

②金钱木 *Portulaca molokiniensis*：

又名圆贝马齿苋。叶片扁平，肥厚，近圆形。

大花马齿苋

大花马齿苋

阔叶马齿苋

阔叶马齿苋

金钱木

附录二
拉丁名索引

参考文献

[1] 吴棣飞，姚一麟. 水生植物 [M].北京：中国电力出版社，2011.

[2] 吴棣飞，姚一麟. 球根植物 [M].北京：中国电力出版社，2011.

[3] 高亚红，吴棣飞. 花境植物选择指南 [M]. 武汉：华中科技大学出版社，2010.

[4] 吴棣飞，高亚红. 园林地被 [M]. 北京：中国电力出版社，2010.

[5] 徐晔春，吴棣飞. 藤蔓植物 [M]. 北京：中国电力出版社，2010.

[6] 徐晔春，吴棣飞. 观赏灌木 [M]. 北京：中国电力出版社，2010.

[7] 徐晔春，吴棣飞. 观赏乔木 [M]. 北京：中国电力出版社，2010.